U0087790

IFRS

林淑玲 著

會計學 下

ACCOUNTING

三民書局

國家圖書館出版品預行編目資料

會計學／林淑玲著.－－初版一刷.－－臺北市：三
民，2017
　　冊；　公分

　ISBN 978-957-14-6266-0　（下冊:平裝）
　1.會計學

495.1　　　　　　　　　　　　　　105005513

©　　會計學（下）

著 作 人	林淑玲
責 任 編 輯	蔡佳怡
美 術 設 計	林易儒

發 行 人	劉振強
著作財產權人	三民書局股份有限公司
發 行 所	三民書局股份有限公司
	地址　臺北市復興北路386號
	電話　(02)25006600
	郵撥帳號　0009998-5
門 市 部	(復北店) 臺北市復興北路386號
	(重南店) 臺北市重慶南路一段61號

出 版 日 期	初版一刷　2017年1月
編 　 號	S 493790

行政院新聞局登記證局版臺業字第○二○○號

有著作權‧不准侵害

ISBN　978-957-14-6266-0　（下冊：平裝）

http://www.sanmin.com.tw　三民網路書店
※本書如有缺頁、破損或裝訂錯誤，請寄回本公司更換。

自 序
Preface

　　當各位正在準備開始磨刀霍霍進入「會計學」的學習國度之際，可能早已有許多親朋好友提供許多耳提面命的勸誡，例如：「會計學是一門很難搞懂的科目喔！」或是學長姐曾向你威脅恐嚇地說：「會計學是門快快忘記的科目。」或「會計學老師都是大開當鋪者（比喻低於 60 分的機率甚高）。」

　　平心而論，會計學這門學科一點也不恐怖，過來人的寶貴經驗當然值得記取；但是初學者應該學習的是前輩們失敗的經驗與教訓，從中領悟如何不再重蹈他們錯誤的覆轍，以收事半功倍的效果。

　　一言以蔽之，將「會計」學好的方法或捷徑無它，也沒有什麼寶典可言。套一句房屋仲介銷售高手常常掛在嘴邊的口頭禪：「買房子時應注意的三件法寶，就是：地段！地段！地段！」同樣地，初學者若欲學好會計學的不二法門則是：「練習 (exercise)、練習、練習。」這是作者過去學習會計學的心聲、感想與肺腑之言，也是會計學門許多前輩們的共同心得，提供各位初學者們參考，並共勉之。

　　本書撰寫過程歷經個人雙親驟然離世的劇烈悲痛而停頓、轉換專職學校、升等為正教授、擔任行政職務等。個人驟感光陰似箭、人生苦短，實有必要把握在鬢已星星之前，盡快完成多年前的承諾。因此，本書若有疏漏之處，懇請各位先進不吝賜教，萬分感激！

林淑玲

2016 年 4 月

目　次　*Contents*

第十一章

存貨與銷貨成本

前　言

　　在每一位消費者過往的購物經驗中，可能都曾經歷過心中想購買的商品價格因外部總體經濟或廠商本身的因素，而造成商品價格產生增減變動的情況。例如：石油輸出國家因政治不穩定或產油量而突然宣布調漲（或降）油價；或是玉米盛產造成玉米價格的下跌等等。

　　同理，零售商、批發商等買賣業在採購商品時也與一般人面臨相同的情境。在物價上漲時期，某些商品的單位採購成本將隨著時間經過而逐步遞增；或因技術創新促使單位成本下降。無論上述何種情況，可以確定的是，某些存貨的成本部分來自於某些以較低價格取得的項目、其他部分的成本則來自於某些以較高價格取得的項目。例如：某大型零售購物商場的成衣存貨，原分別從上游工廠分成三批且以不同的價格進貨，每批進貨時的單位成本分別為 200、225、255 元。則當該大型零售購物商場銷售一件成衣時，應如何計算這件成衣的銷貨成本？此外，到了期末當成衣的市價低於原購買成本時，應如何處理？有鑑於此，零售商、批發商等買賣業應進一步瞭解存貨成本的不同計價方法。

　　有鑑於此，會計原則遂允許零售商、批發商等買賣業得選擇適合該產業環境的存貨會計處理方法，而每一種不同會計方法或原則的選用將導致不同的銷貨成本與期末存貨之評價，同時也將影響到財務報表上淨利、資產、業主權益、收入及費用的揭露。對於學習者而言，實有必要瞭解不同的存貨評價與會計處理方法之操作實務，以及選擇不同的會計處理方法對於銷貨成本與期末存貨評價之影響，同時有助於進一步提升其分析與解釋財務報表的能力，此為本章學習目的。

學習架構

■ 瞭解買賣業的存貨管理與存貨類型。

■ 存貨在財務狀況表與綜合損益表之表達方式。

■ 存貨的成本計價方法。

■ 說明成本與市價孰低法之會計處理方法。

11-1 買賣業的存貨

一、存貨的管理

　　雖然一般消費者通常不會涉及到存貨的製造或銷售問題，但消費者卻經常從事商品的購買行為。因此，大多數消費者所關心的議題通常也是從事存貨買賣的零售業或批發業者所關心的課題。這是因為經營管理階層之主要目標在於：

1. 維持足夠的存貨數量 (Quantity)，以因應廣大消費者的需求。
2. 確保存貨的品質 (Quality)，確實符合顧客的期待或預期，以及零售或批發業者的標準。
3. 促使存貨的取得與相關的採購、生產、倉儲、毀損、偷竊、過時或財務等持有成本能達到最小化 (Cost Minimization)。

　　對於零售業或批發業的經營管理階層而言，上述的目標牽一髮而動全身，實為零售或批發業者的嚴峻挑戰。若上述其中一個目標（例如：品質）產生變化，勢必將會影響到另一個目標（例如：成本最小化）的達成與否。

二、存貨的類型

　　對於零售或批發的買賣業 (Merchandisers) 而言，「商品存貨」(Merchandise Inventory) 是指企業所持有，為了提供正常營業出售或用來再加工生產之商品。買賣業通常只設立一個「存貨」(Inventory) 的總分類帳戶，用來彙總所有不同類型商品的進貨、銷貨及結存的情況。若有各種不同的商品，可於存貨總分類帳戶項下另外設立不同商品的明細分類帳，以便於瞭解各種商品個別的詳細進、銷、存之增減變化狀況。

　　另一方面，製造業的存貨通常並非立即可供銷售的狀態，因此製造業將存貨分設為三個總分類帳戶：原料 (Raw Material)、在製品 (Work in Process) 以及製成品 (Finished Goods)，每一類型各代表不同的製造階段：

1.製成品

指已完工且可立即出售的商品，為本章主要探討的對象。

2.在製品

指正在製造或生產過程當中，將於再加工完成後出售者。

3.原料

指直接、間接用於生產使其成為可供出售的商品，例如：塑膠、鋼鐵、纖維等等。

若有不同類型的原料、在製品及製成品，亦可再分別設立明細帳戶，以瞭解其購買、使用以及結存的詳細情形。

三、存貨的數量

買賣業的商品存貨應包括公司所持有的所有可供銷售的商品，其與存貨在盤點時是否放在公司內部並無關聯，唯一要注意的是，商品所有權歸屬於公司的存貨是否皆已盤點，且均計入公司的商品存貨。例如：因銷售條件的約定，買賣業者可能另有其他存貨項目，亦即寄銷品 (Consignment Inventory) 與在途存貨 (Goods in Transit)。此外，部分存貨項目須特別留意，如：商品損壞或過時。茲分別說明其意涵如下：

1.寄銷品

為賺取佣金或手續費，公司往往接受商品所有權人的委託而持有供出售的商品。該商品所有權人稱為寄銷人 (Consignor)，而持有商品的企業稱為承銷人 (Consignee)。當寄銷人運送商品並委託承銷人保管並代為銷售商品時，該商品的所有權仍屬於寄銷人，故仍應歸屬於寄銷人的財務狀況表中的「存貨」項目。例如：Score Board 或 Upper Deck 等公司委託運動網站或經銷商代其銷售經明星球員簽名後的足球、棒球、運動衫、照片等商品，在商品實際出售前，這些商品仍應屬於寄銷人的存貨項目。

2.在途存貨

　　在途存貨是指正在運送途中的商品，應列為商品所有權人的財務狀況表中的「存貨」項目。因此，買方的存貨是否應包含於在途存貨中？能否列入買方的存貨項目？端視商品的銷售契約中，商品所有權移轉的條款而定。本書在上冊第 10 章曾提及：商品的所有權是否移轉，應視運送條款究竟為目的地交貨 (FOB destination) 或是起運點交貨 (FOB shipping point) 決定。

(1)若為目的地交貨，則在商品被運送到達目的地之前，在途存貨的商品所有權仍歸屬於賣方；等到商品運送至目的地時，其所有權才算實際移轉給買方。因此，應由供應商（賣方）負擔運費。

(2)若為起運點交貨，則當商品放置於運輸工具時，其所有權便已移轉給買方，故在途存貨之所有權應歸屬於買方，買方應自行負擔運費。

3.損壞或過時的商品

　　損壞或過時的商品若已無法出售，便不應計入存貨。反之，若能降價求售，則須穩健地估計且按其淨變現價值 (Net Realizable Value) 認列為存貨。

　　其中淨變現價值是指商品售價扣除銷售該商品所發生的必要成本或花費，應於商品過時或損壞發生時的當期認列為相關損失。

　　針對以上的敘述，茲彙整如後。

四、期末存貨之數量

　　應確認所有權是否歸屬於公司所有。

1.單位數量之認定

實地盤點存貨之庫存數量
＋　在途存貨
＋　寄銷品
－　承銷品
－　損壞（或報廢）之存貨
＝　期末存貨之數量

2. 全部存貨成本

是否列為「當期損失」(Loss on Inventory)?

⑴無出售價值

應全數列為「當期損失」，歸屬於綜合損益表的營業外費用。假設存貨成本為 $2,500，則全數認列為當期損失。

12 月 3 日	存貨損失	2,500	
	存貨		2,500

（將存貨帳面成本全數認列為損失）

⑵有出售價值

期末存貨應以「淨變現價值」評價。淨變現價值等於估計售價減去相關的處理成本或費用後之淨額。假設存貨成本為 $2,500，若淨變現價值為 $500，則應認列當期損失 $2,000。

$$存貨成本 \$2,500 - 相關處理費用 \$2,000 = \$500$$

12 月 3 日	存貨損失	2,000	
	存貨		2,000

（將存貨帳面成本低於淨變現價值的部分認列為損失）

有關存貨的會計原則與處理方法，均適用於買賣業與製造業的存貨項目，本章則以買賣業的存貨為主要探討對象。

11–2 存貨在財務報表的揭露方式

一、財務狀況表與綜合損益表的揭露

商品存貨是買賣業者所持有並預期在未來的正常營業活動中提供出售的

產品，稱為「存貨」(Inventory)，屬於財務狀況表中的資產類項目。由於存貨通常將於一年或一個營業循環 (Operating Cycle) 內被出售或轉換成現金，因此，應被歸類為流動資產，按其原始購買時的取得成本入帳。

表 11–1 列示清淨礦泉水公司的「存貨」項目在財務狀況表的揭露方式。該公司的存貨項目在 2015 年底為 665,000 仟元，2016 年底為 590,000 仟元，故清淨礦泉水公司的存貨項目較去年度減少了 75,000 仟元。

在永續盤存制的會計方法下，當公司銷售存貨時，將按存貨成本在綜合損益表上記錄該項出售存貨的「銷貨成本」(Cost of Goods Sold) 項目，並將存貨項目的取得成本由財務狀況表中扣減。

表 11–2 列示清淨礦泉水公司的銷貨成本項目在綜合損益表的表達方式，其中銷貨收入淨額減去銷貨成本為銷貨毛利 (Gross Profit)。清淨礦泉水公司的銷貨收入淨額項目在 2015 年度為 625,000 仟元，2016 年度為 685,000 仟元，較去年增加了 60,000 仟元。銷貨成本項目在 2015 年度為 418,500 仟元，2016 年度為 440,000 仟元，較去年增加了 21,500 仟元。因此，銷貨毛利項目在 2015 年度為 206,500 仟元，2016 年度為 245,000 仟元，較去年增加了 38,500 仟元。

表 11–1　存貨項目在財務狀況表的揭露方式

清淨礦泉水公司
部分財務狀況表

（單位：新臺幣仟元）

	2016 年 12 月 31 日	2015 年 12 月 31 日
資產		
流動資產：		
現金與約當現金	$860,000	$1,050,000
短期投資	20,000	240,000
存貨	**590,000**	**665,000**
應收款項	152,000	95,200
預付費用	26,500	13,000

表 11-2　銷貨成本項目在綜合損益表的揭露方式

清淨礦泉水公司
部分綜合損益表
1 月 1 日至 12 月 31 日止

（單位：新臺幣仟元）

	2016 年度	2015 年度
銷貨收入淨額	$685,000	$625,000
銷貨成本	440,000	418,500
銷貨毛利	$245,000	$206,500

二、衡量銷貨成本

　　本書在第十章曾提到，拜資訊科技蓬勃發展及商品條碼掃描器的廣泛運用所賜，目前大多數的買賣業普遍採用「永續盤存制」(Perpetual Inventory) 之存貨會計制度。無論公司係採用永續盤存制或「定期盤存制」(Periodic Inventory)，可供銷售商品總成本皆必須分配至銷貨成本或是期末存貨。換言之，買賣業的銷貨成本與期末存貨即是構成全數可供銷售商品總額。

　　如第十章所述，採用永續盤存制的特色包括：

1. 所有與正常營業活動有關的進貨，將會增加（借記）「存貨」項目的餘額。
2. 當產生銷貨活動時，將會減少（貸記）「存貨」項目、增加（借記）「銷貨成本」項目。
3. 所有與商品存貨攸關的一切必要的成本或花費，如：進貨運費等，均應計入「存貨」項目的加項（借記）；反之，銷貨折扣或銷貨退回與折讓則列為「存貨」項目的減項（貸記）。

　　由此可見永續盤存制意味著，存貨項目餘額將會隨著每一次的進貨或銷貨而產生增減變動。因此，除了發生存貨虧損外，存貨項目餘額所呈現的，應為公司當時的可供銷售商品的帳面成本。

期初存貨 + 進貨 − 銷貨成本 = 期末存貨

表 11-3 列示清淨礦泉水公司在永續盤存制下，計算銷貨成本與期末存貨的方式。由於該公司期初擁有存貨 1,000 單位，每單位成本為 \$100，故期初存貨為 \$100,000。本期購入 4,000 單位，每單位成本為 \$100，購貨總額為 \$400,000。因此，本期可供銷售商品總額為 \$500,000。由於本期出售 3,000 單位的商品，已知每單位成本 \$100，故本期的銷貨成本為 \$300,000。使得期末存貨的餘額為 2,000 單位，乘以每單位成本 \$100 後，故期末存貨總成本為 \$200,000。

表 11-3　永續盤存制下銷貨成本與期末存貨之衡量

	單位數量	單位成本	總成本
期初存貨	1,000	\$100	\$100,000
＋　　進貨	4,000	\$100	400,000
可供銷售商品總額	5,000	\$100	500,000
－銷貨成本	3,000	\$100	300,000
＝期末存貨	2,000		\$200,000

在永續盤存制之下，當出售商品存貨時，便立即計算並更新銷貨成本，因而得出期末存貨金額。若欲驗證期末存貨的正確性，建議可以透過直接盤點期末存貨的庫存數量，乘以存貨的單位成本後，便得出期末存貨總金額。

11-3 存貨的成本計價方法

一、商品存貨的成本

存貨成本應包含使商品存貨達到可供出售狀態前，所有直接或間接的必要成本或費用。換言之，存貨成本應包含：發票價格扣除進貨折扣後，再加上促使存貨達到可供銷售狀態前之所有必要且合理的支出。如：進口關稅、

進貨運費、倉儲費用、保險費以及時間成本（如釀造葡萄酒或起司的等待時間）。

根據收入與成本配合原則，上述進貨的相關必要支出必須分攤至所購買的不同類型商品，以使銷售當期的銷貨成本能與該商品收入配合。

部分例外的情況是，當進貨相關的其他必要成本之金額並不高時，因重要性原則或成本效益限制，公司可不將攸關的其他成本分攤至不同類型的存貨，而僅將發票價格列為存貨成本，如此一來，進貨相關的成本必須在發生當期全數認列為銷貨成本。

二、存貨成本的計價方法 (Inventory Costing Methods)

表 11-3 範例顯示，所有的存貨取得時的單位成本均為 $100。不過，各位若需要天天到加油站加油時便知，油價並非每天都是一樣的價格。近年來，許多商品的取得成本甚至逐年地呈現巨幅遞增的現象。反觀某些電子類商品的成本卻有下滑的趨勢。足見隨著時間的經過，商品的取得成本往往並不相同。

對於買賣業而言，有關存貨會計處理的重要事項之一便是決定存貨的單位成本。若不同日期均以相同的價格取得存貨，便能輕易地辨別不同時間所取得的存貨成本。反之，若存貨的購買價格各不相同（表 11-4），則在發生銷貨時，如何將不同時間取得的不同存貨成本分別歸屬於銷貨成本或期末存貨，便會產生問題。

例如：2016 年 5 月 15 日銷貨 12,000 單位的商品（設每單位售價 $1,200），則其銷貨成本應採計哪一次購買的單位成本?以及如何計算期末存貨的成本?此問題的解答將視公司將哪一批商品視為已出售、哪一批商品視為期末存貨而定。此亦將造成財務狀況表的評價以及綜合損益表的損益衡量之差異。

表 11–4　鑽石山泉水公司在永續盤存制下之進貨與銷貨明細

日期	說明	單位數量	單位成本	總成本
2016 年 5 月 2 日	進貨	10,000	$700	$ 7,000,000
2016 年 5 月 6 日	進貨	5,000	$750	3,750,000
2016 年 5 月 12 日	進貨	8,000	$850	6,800,000
可供銷售商品總額		23,000	$763.04	$17,550,000
2016 年 5 月 15 日	銷貨	12,000	?	

　　有鑑於在永續盤存制的會計處理方法下，必須隨時記錄銷貨成本並減少存貨項目以反映實際商品的狀況，且如何分攤成本至期末存貨或銷貨成本將會同時影響到財務報表的揭露。因此，存貨成本的分攤與計價問題為會計處理時的重要課題。

　　有關分攤商品存貨成本至期末存貨以及銷貨成本的會計方法，無論公司是採用永續盤存制或定期盤存制，一般基於以下四種存貨成本流程 (Inventory Cost Flow) 假設，這四種方法之任一方法不一定完全符合商品的實際流動狀況，不過都被美國的一般公認會計原則 (GAAP) 所接受採用。

1.個別認定法

　　個別認定法 (Specific Identification Method) 係單獨認定、確認且記錄每一項已出售的商品之成本，由「存貨」項目轉列為「銷貨成本」項目。此法要求會計人員對於每一項商品必須隨時保持其進、銷、存之紀錄。

　　以鑽石山泉水公司在永續盤存制下的進貨與銷貨情況而言（表 11–4），該公司於 2016 年 5 月 15 日所銷售的 12,000 單位商品中，若可辨識出其中的 10,000 單位為 5 月 2 日所購買、另外的 2,000 單位為 5 月 12 日所購買，其購入時的單位成本分別為 $700 與 $850。因此，已出售 12,000 單位的成本總計為 $8,700,000，應列為綜合損益表的銷貨成本。

　　剩餘 11,000 單位的商品中，其中 5,000 單位為 5 月 6 日所購入，其購入時的單位成本分別為 $750；另 6,000 單位為 5 月 12 日所購入，其購入時的單

位成本分別為 $850。成本總計為 $8,850,000，應列為財務狀況表的期末存貨。

　　個別認定法適用於每一項存貨無論在採購或銷售時，其銷貨成本或期末存貨的成本均有可直接認定其成本的發票證明時，因此又稱為「個別存貨發票價格認定法」(Specific Invoice Inventory Pricing)。由於此法可確實且正確地將已售出商品的成本與其收入相互配合。因此，適用於可個別辨識的高單價、且買賣交易次數不頻繁的商品，例如：房屋、汽車等等。

　　其他三種方法雖然不一定完全符合商品的實際流動狀況，但卻是基於存貨的成本流程假設 (Assumptions of Inventory Costs Flow)。

2.先進先出法

　　先進先出法 (First-in, First-out; FIFO) 假設存貨成本的流動係按其採購順序出售，期末存貨的成本屬於最近期所採購的，適用於食品業。因此，先進先出法較能將期末存貨的重置成本 (Replacement Costs) 反映於財務狀況表中。

　　以鑽石山泉水公司在永續盤存制下的進貨與銷貨情況為例（表 11–4），該公司於 2016 年 5 月 15 日所出售的 12,000 單位商品的銷貨成本，應為第一批於 5 月 2 日購入的 10,000 單位，其購入時的單位成本為 $700；以及第二批於 5 月 6 日購入的 2,000 單位，其購入時的單位成本為 $750。因此，已銷售 12,000 單位的商品成本總計為 $8,500,000，應記為綜合損益表的銷貨成本。

　　至於期末剩餘的 11,000 單位商品，其中 3,000 單位為第二批於 5 月 6 日購入，其購入時的單位成本為 $750；另 8,000 單位為第三批於 5 月 12 日購入，其購入時的單位成本為 $850，成本總計為 $9,050,000，記為財務狀況表的期末存貨。

　　茲彙整說明鑽石山泉水公司於綜合損益表的銷貨成本以及財務狀況表的期末存貨之報導方式如表 11–5 所示。

3.後進先出法

　　後進先出法 (Last-in, First-out; LIFO) 假設存貨成本的流動與其採購順序相反，假設最近期採購者先被售出。因此，期末存貨的成本均屬於早期所購

表 11-5　鑽石山泉水公司按先進先出法計價之綜合損益表的銷貨成本以及
　　　　財務狀況表的期末存貨之揭露

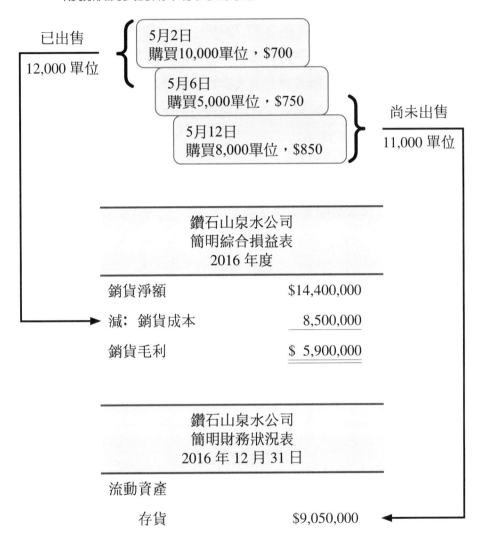

買者。適用於時尚產品（如：智慧型手機、筆記型電腦、時尚流行服飾等
等）。以鑽石山泉水公司在永續盤存制下的進貨與銷貨情況為例（表 11-4），
該公司於 2016 年 5 月 15 日所出售的 12,000 單位商品的銷貨成本，應為第三
批於 5 月 12 日購入的 8,000 單位，其購入時的單位成本為 $850；以及第二批
於 5 月 6 日購入的 4,000 單位，其購入時的單位成本為 $750。因此，已銷售
12,000 單位的商品成本總計為 $9,800,000，應記為綜合損益表的銷貨成本。至

於期末剩餘的 11,000 單位商品，其中 1,000 單位為第二批於 5 月 6 日購入，其購入時的單位成本為 $750；另 10,000 單位為第一批於 5 月 2 日購入，其購入時的單位成本為 $700，成本總計為 $7,750,000，記為財務狀況表的期末存貨。

由於後進先出法在每次銷售商品時，將最近期購入商品的重置成本作為銷貨成本，與收入配合，故較符合收入與費用配合原則。

彙整說明鑽石山泉水公司於綜合損益表的銷貨成本以及財務狀況表的期末存貨之報導方式如表 11–6。

表 11–6　鑽石山泉水公司按後進先出法計價之綜合損益表的銷貨成本以及財務狀況表的期末存貨之揭露

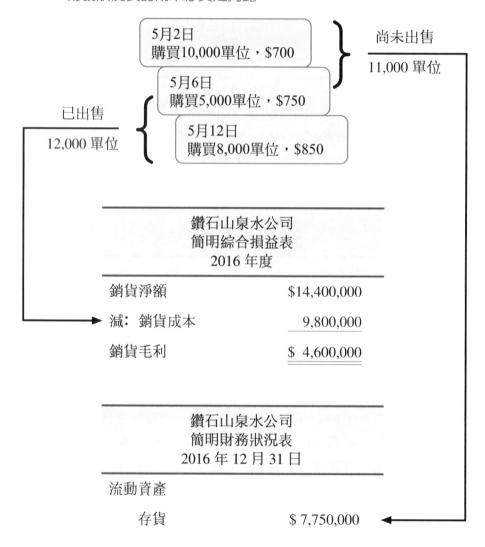

4.加權平均法

　　加權平均法 (Average Weighted Method) 於每次銷售商品存貨時，便重新計算新的「每單位加權平均成本」，亦即將可供出售商品總成本除以可供出售商品總單位，故可將物價變動之成本差異因素予以抵銷。此法由於以可供銷售商品總額的加權平均成本 (Weighted Average Costs) 作為已出售商品的銷貨成本以及尚未出售的期末存貨之單位成本，故又稱為「平均成本」(Average Cost)。

　　以鑽石山泉水公司在永續盤存制下的進貨與銷貨情況為例（表 11–4），該公司全部可供銷售商品為 23,000 單位，總成本為 \$17,550,000，因此加權平均成本為 \$763.0435。已知該公司於 2016 年 5 月 15 日出售 12,000 單位商品，其銷貨成本應為 \$9,156,522(= 12,000 × 763.0435)，應記為綜合損益表的銷貨成本。至於期末剩餘的 11,000 單位的期末存貨則為 \$8,393,478(= 11,000 × 763.0435)，記為財務狀況表的期末存貨。彙整說明鑽石山泉水公司於綜合損益表的銷貨成本以及財務狀況表的期末存貨之報導如表 11–7。

　　先進先出法、後進先出法和加權平均法，各自代表不同的存貨成本流程假設，與商品的實體流程並無關聯。由表 11–5 至表 11–7 得知，選擇不同的存貨成本流程假設將使得財務狀況表與綜合損益表產生不同的影響效果。

　　例如，在物價上揚的期間，先進先出法的期末存貨金額在財務狀況表的表達為三種方法中最高者，後進先出法為上述三種方法中最低者，而加權平均法則介於兩者之間；而先進先出法在綜合損益表的銷貨成本金額為三種方法中最低者，銷貨毛利為三種方法中之最高者；後進先出法在綜合損益表的銷貨成本金額為三種方法中最高者，銷貨毛利為三種方法中之最低者，加權平均法居中。可見期末存貨與銷貨成本呈反向關係，期末存貨與銷貨毛利呈正向關係。

表 11-7　鑽石山泉水公司按加權平均法計價之綜合損益表的銷貨成本以及財務狀況表的期末存貨之揭露

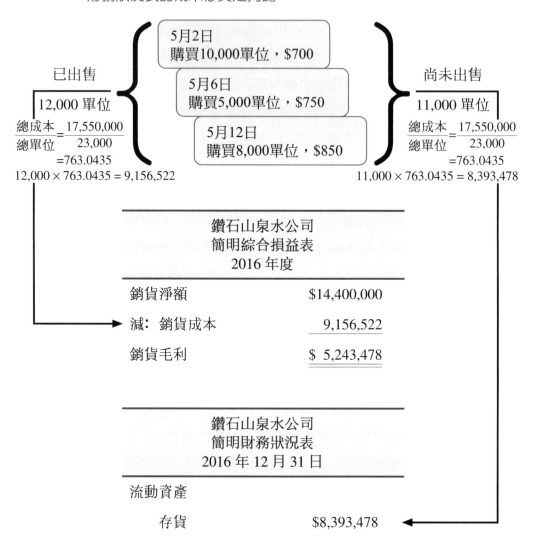

三、存貨成本流程的計算

　　截至目前已介紹了不同的存貨成本流程假設之概念，由此可瞭解不同成本流程假設的確會造成公司的財務狀況表與綜合損益表產生不同的影響。以下將以清閒運動服飾公司於 2016 年 9 月份的營業狀況，說明該公司在不同的成本流程假設下，存貨成本流程的計價方式。

　　表 11–8 為清閒運動服飾公司於 2016 年 9 月份有關運動服飾的交易資料，該公司於 9 月份的期初存貨以及進貨、銷貨明細詳如表 11–8 所示，其每件運動服飾的售價皆為 $500。

表 11–8　清閒運動服飾公司 2016 年 9 月份的進銷存明細交易紀錄

日期	項目	數量 × 單價	金額
9 月 1 日	期初存貨	100 件 × $ 92	= $　9,200
5 日	進貨	150 件 × $108	=　16,200
18 日	進貨	200 件 × $115	=　23,000
22 日	進貨	100 件 × $126	=　12,600
可供出售商品總額		**550 件**	**= $ 61,000**
9 月 16 日	銷貨	200 件 × $500	= $100,000
30 日	銷貨	250 件 × $500	=　125,000
合計		**450 件**	**= $225,000**

　　表 11–8 顯示，清閒運動服飾公司於 2016 年 9 月份的兩筆銷貨分別售予兩家不同的賣場及商店門市，故該公司運動服飾在 9 月底的期末存貨尚有 100 件。（參見表 11–9）

表 11-9   清閒運動服飾公司 2016 年 9 月份的期末存貨

9 月 1 日	期初存貨	100 件 × $ 92	= $	9,200
5 日	進貨	150 件 × $108	=	16,200
18 日	進貨	200 件 × $115	=	23,000
22 日	進貨	100 件 × $126	=	12,600
可供出售商品總額		550 件	= $	61,000
9 月 16 日	銷貨	200 件 × $500	=	$100,000
30 日	銷貨	250 件 × $500	=	125,000
合計		450 件	=	$225,000
8 月 31 日	期末存貨	100 件		

　　以下分別說明清閒運動服飾公司在不同的成本流程假設下，存貨成本流程的計價方式以及對財務報表的影響效果。

1.個別認定法

　　當買賣業的存貨各構成項目均有個別的進貨發票記錄可供確認，同時也有相關的銷貨記錄以認定哪些商品於何時出售時，便適合採用「個別認定法」予以分攤商品存貨成本至銷貨成本及期末存貨。因此，此法又稱為「個別存貨發票價格認定法」。

　　根據表 11-8 顯示，若該公司期末尚未出售的 100 件服飾中，分別為 9 月 18 日進貨的 60 件與 22 日進貨的 40 件，則便能運用表 11-8 的資訊及個別認定法以決定期末商品 100 件的期末存貨成本以及已銷貨 450 件所應分攤的銷貨成本。此外，無論是已銷售或尚未銷售的商品存貨，均有其相關的單位成本可資辨認。

表 11–10　清閒運動服飾公司按個別認定法認列的銷貨成本與期末存貨

9 月 1 日	期初存貨	100 件 × $ 92	=	$ 9,200
5 日	進貨	150 件 × $108	=	16,200
18 日	進貨	140 件 × $115	=	16,100
22 日	進貨	60 件 × $126	=	7,560
銷貨成本		**450 件**		**= $49,060**
9 月 18 日	進貨	60 件 × $115	=	$ 6,900
22 日	進貨	40 件 × $126	=	5,040
期末存貨		**100 件**		**= $11,940**
9 月 30 日	**期末存貨**	**100 件**		

　　在個別認定法下,清閒運動服飾公司於 2016 年 9 月份綜合損益表上認列的銷貨成本金額為 $49,060，參見表 11–3 第一列。；於財務狀況表上認列的期末存貨餘額為 11,940 元，參見表 11–3 第二列。因此，在個別認定法下，無論採永續盤存制或定期盤存制，可供出售商品總額分攤至期末存貨及銷貨成本的金額並無差異。

2. 先進先出法

　　先進先出法假設最早期購入的商品將優先出售。因此，隨著先買入的商品優先出售的假設下，當銷貨發生時，較早期購入的商品成本便被認列為銷貨成本，故而期末存貨餘額所反映的是最近期所購入商品的成本。有關先進先出法下的期末存貨與銷貨成本的認列方式說明，請參見表 11–11 所示。

表 11–11　按先進先出法認列的銷貨成本與期末存貨之計算過程

日期	進貨	銷貨成本	存貨餘額
9 月 1 日	期初存貨		$100 \times \$\ 92 = \$\ 9,200$
9 月 5 日	$150 \times \$108$ $= \$16,200$		$\left.\begin{array}{l} 100 \times \$\ 92 \\ 150 \times \$108 \end{array}\right\} = \$25,400$
9 月 16 日		$\left.\begin{array}{l} 100 \times \$\ 92 = \$\ 9,200 \\ 100 \times \$108 = \$10,800 \end{array}\right\} = \$20,000$	$50 \times \$108 = \$\ 5,400$
9 月 18 日	$200 \times \$115$ $= \$23,000$		$\left.\begin{array}{l} 50 \times \$108 \\ 200 \times \$115 \end{array}\right\} = \$28,400$
9 月 22 日	$100 \times \$126$ $= \$12,600$		$\left.\begin{array}{l} 50 \times \$108 \\ 200 \times \$115 \\ 100 \times \$126 \end{array}\right\} = \$41,000$
9 月 30 日		$\left.\begin{array}{l} 50 \times \$108 = \$\ 5,400 \\ 200 \times \$115 = \$23,000 \end{array}\right\} = \$28,400$	$100 \times \$126 = \$12,600$

9月16日出售的200件服飾商品中,前100件分攤的單位成本為期初存貨的進貨單價$92,計為$9,200;後100件分攤的單位成本為9月5日進貨的單價$108,計為$10,800,故9月16日出售商品的銷貨成本為$20,000。

9月30日出售的250件服飾商品中,前50件分攤的單位成本為9月5日購入的商品,其進貨單價$108,計為$5,400;後200件分攤的單位成本為9月18日購入的商品,其進貨單價$115,計為$23,000,故9月30日出售商品的銷貨成本為$28,400。因此9月份銷貨成本總計為$48,400。

9月30日的期末存貨100件,其單位成本為9月22日購入的成本$126。因此,期末存貨成本計為$12,600。

由表 11–11 顯示：在「先進先出法」成本流程假設下，清閒運動服飾公司於 2016 年 9 月份的分別出售 200 件與 250 服飾，其已出售商品總成本分別為 $20,000 與 $28,400，故 450 件已銷售商品的成本總計為 $48,400，應認列為綜合損益表的銷貨成本。因此，期末尚未出售的 100 件商品存貨總成本為 $12,600，應認列為財務狀況表的期末存貨。

值得注意的是，無論採永續盤存制或定期盤存制，在先進先出法下分攤至期末存貨以及銷貨成本的金額均為相同。換言之，在定期盤存制下，可供出售商品總額 $61,000 減去期末存貨 $12,600 後，即為銷貨成本 $48,400。

3. 後進先出法 (LIFO)

後進先出法假設最近期購入的商品將優先出售。因此，隨著最後買入的商品優先出售的假設下，當銷貨發生時，較近期購入的商品成本便被轉列為銷貨成本，故而期末存貨餘額所反映的便是最早期所購入商品的成本。亦即較晚期購入的商品成本認列為綜合損益表的銷貨成本，較早期購入的商品成本則認列為財務狀況表的期末存貨。有關後進先出法下的期末存貨與銷貨成本的認列方式說明如表 11–12 所示。

由表 11–12 顯示：在「後進先出法」成本流程假設下，清閒運動服飾公司於 2016 年 9 月份的分別出售 200 件與 250 服飾，其已出售商品總成本分別為 $20,800 與 $29,850，故 450 件已銷售商品的成本總計為 $50,650，應認列為綜合損益表的銷貨成本。因此，期末尚未出售的 100 件商品存貨總成本為 $10,350，應認列為財務狀況表的期末存貨。

在後進先出法下，分攤至期末存貨與銷貨成本的金額將會因公司採用永續盤存制或定期盤存制而有所差異。原因是若公司採用永續盤存制，則在每一次銷貨時分攤給銷貨成本的金額均為最近一期的進貨價格，而在定期盤存制下，一直須等到期末才會進行相關成本的分攤。此外，即使公司的商品存貨之實際流程並非後進先出，仍可採用後進先出法。

表 11–12　按後進先出法認列的銷貨成本與期末存貨之計算過程

日期	進貨	銷貨成本	存貨餘額
9月1日	期初存貨		$100 \times \$92 = \$ \ 9,200$
9月5日	$150 \times \$108$ $= \$16,200$		$\left.\begin{array}{l} 100 \times \$\ 92 \\ 150 \times \$108 \end{array}\right\} = \$25,400$
9月16日		$\left.\begin{array}{l} 150 \times \$108 = \$16,200 \\ 50 \times \$\ 92 = \$\ 4,600 \end{array}\right\} = \$20,800$	$50 \times \$92 = \$\ 4,600$
9月18日	$200 \times \$115$ $= \$23,000$		$\left.\begin{array}{l} 50 \times \$\ 92 \\ 200 \times \$115 \end{array}\right\} = \$27,600$
9月22日	$100 \times \$126$ $= \$12,600$		$\left.\begin{array}{l} 50 \times \$\ 92 \\ 200 \times \$115 \\ 100 \times \$126 \end{array}\right\} = \$40,200$
9月30日		$\left.\begin{array}{l} 100 \times \$126 = \$12,600 \\ 150 \times \$115 = \$17,250 \end{array}\right\} = \$29,850$	$\left.\begin{array}{l} 50 \times \$\ 92 \\ 50 \times \$115 \end{array}\right\} = \$10,350$

9月16日出售的200件服飾商品中，前150件分攤的單位成本為9月5日購入的進貨單價$108，計為$16,200；後50件分攤的單位成本為期初存貨的單價$92，計為$4,600，故9月16日出售商品的銷貨成本為$20,800。

9月30日出售的250件服飾商品中，前100件分攤的單位成本為9月22日購入的商品，其進貨單價$126，計為$12,600；後150件分攤的單位成本為9月18日購入的商品，其進貨單價$115，計為$17,250，故9月30日出售商品的銷貨成本計為$29,850。因此，9月份的銷貨成本總計為$50,650。

9月30日的期末存貨100件，其中50件的單位成本為期初存貨的成本$92，計為$4,600；另外50件的單位成本為9月18日購入的商品，其進貨單價$115，計為$5,750。因此，期末存貨總計為$10,350。

4. 加權平均法

加權平均法係在每次銷貨時重新計算商品存貨的加權平均分攤成本。計算過程分為兩步驟：首先計算可供銷售商品之總成本，亦即分別將不同批次購入的商品存貨數量乘以其單位成本，再予以加總，如表 11-8 所示：清閒運動服飾公司 2016 年 9 月份的可供銷售商品總成本總計為 $61,000。

9 月 1 日	期初存貨	100 件 × $ 92	= $ 9,200
5 日	進貨	150 件 × $108	= 16,200
18 日	進貨	200 件 × $115	= 23,000
22 日	進貨	100 件 × $126	= 12,600
可供出售商品總額		**550 件**	= $61,000

計算每單位存貨的加權平均成本之第二步驟為：將可供銷售商品總金額除以可供銷售商品總數量，分攤過程如下：

$$\text{加權平均成本} = \frac{\text{可供銷售商品總金額}}{\text{可供銷售商品總數量}} = \frac{\$61,000}{550} = \text{每件 } \$110.91$$

在定期盤存制下，當公司的商品採用加權平均法計價時，其銷貨成本與期末存貨的加權平均單位成本均為相同。以表 11-8 的清閒運動服飾公司在 2016 年 9 月份的可供銷售商品為例，該公司的可供銷售商品總成本計為 $61,000，除以可供銷售商品總數量 550 件，因此，每件服飾的加權平均單位成本為 $110.91。由表 11-8 顯示：該公司於 2016 年 9 月份已出售 450 件服飾，故期末存貨為 450 件。在定期盤存制下，清閒運動服飾公司的銷貨成本與期末存貨分別為 $49,909 及 $11,091。

9 月 1 日	期初存貨	⋯⋯⋯⋯	100 件 × $ 92	=	$ 9,200
5 日	進貨	⋯⋯⋯⋯	150 件 × $108	=	16,200
18 日	進貨	⋯⋯⋯⋯	200 件 × $115	=	23,000
22 日	進貨	⋯⋯⋯⋯	100 件 × $126	=	12,600
可供出售商品總額		⋯⋯⋯⋯	**550 件 × $110.91**	=	**$61,000**
減：期末存貨		⋯⋯⋯⋯	100 件 × $110.91	=	11,091
銷貨成本		⋯⋯⋯⋯	**450 件 × $110.91**	=	**49,909**

　　然而，在永續盤存制下，當每批商品的購入成本不同時，銷售商品時必須重新計算一個新的加權平均單位成本，作為下一次銷售商品時所應分攤的加權平均單位銷售成本。表 11–13 延續清閒運動服飾公司於 2016 年 9 月份的商品進銷存情況，說明該公司以「加權平均法」計價時的銷貨成本與期末存貨之計算過程。

表 11–13 按加權平均法認列的銷貨成本與期末存貨之計算過程

日期	進貨	銷貨成本	存貨餘額
9月1日	期初存貨		$100 \times \$ 92 = \$ 9,200$
9月5日	$150 \times \$108$ $= \$16,200$		$\left.\begin{array}{l}100 \times \$ 92 \\ 150 \times \$108\end{array}\right\} = \$25,400$
			（每單位加權平均成本為 $\$101.6$）[1]
9月16日		$200 \times \$101.6 = \$20,320$	$50 \times \$101.6 = \$ 5,080$
9月18日	$200 \times \$115$ $= \$23,000$		$\left.\begin{array}{l}50 \times \$101.6 \\ 200 \times \$115\end{array}\right\} = \$28,080$
			（每單位加權平均成本為 $\$112.32$）[2]
9月22日	$100 \times \$126$ $= \$12,600$		$\left.\begin{array}{l}50 \times \$101.6 \\ 200 \times \$115 \\ 100 \times \$126\end{array}\right\} = \$40,680$
			（每單位加權平均成本為 $\$116.23$）[3]
9月30日		$250 \times \$116.23 = \$29,057$	$100 \times \$116.23 = \$11,623$

9月16日出售的200件服飾商品，其所分攤的加權平均單位成本為$101.6，計為$20,320

9月30日出售的250件服飾商品，其所分攤的加權平均單位成本為$116.23，計為$29,057。因此，清閒運動服飾公司於2016年9月份的銷貨成本總計為$49,377。

2016年在9月30日的期末存貨100件服飾商品中，其所分攤的加權平均單位成本為$116.23。因此，期末存貨總計為$11,623。

---

1. 單位成本 $101.6 =（可供銷售商品總金額 $25,400）÷（可供銷售商品總數量 250 單位）

2. 單位成本 $112.32 =（可供銷售商品總金額 $28,080）÷（可供銷售商品總數量 250 單位）

3. 單位成本 $116.23 =（可供銷售商品總金額 $40,680）÷（可供銷售商品總數量 350 單位）

經由以上的範例得知，在加權平均法下，分攤至期末存貨以及銷貨成本的金額將隨著公司採用永續盤存制或定期盤存制而有所差異。因為在永續盤存制下，當每一次銷售商品時均會重新計算新的加權平均單位成本；但在定期盤存制下，只有在期末盤點存貨時，才會計算商品的單位成本。

四、不同存貨成本流程之財務報表效果

無論公司採用何種的存貨計價方法，僅將可供出售商品總成本分攤至銷貨成本與期末存貨，若分攤至期末存貨，便不可能再分攤至銷貨成本。因此，當某存貨計價方法分攤較多的成本至期末存貨時，則分攤至銷貨成本的金額便會較少；反之，當某存貨計價方法分攤較少的成本至期末存貨時，則分攤至銷貨成本的金額便會較多。

當購貨價格皆維持不變的情況下，在不同的存貨計價方法下分攤至期末存貨以及銷貨成本的金額將會產生相同的結果。然而，若因物價變動致使購貨價格不同時，則在不同的存貨計價方法下分攤至期末存貨與銷貨成本的金額將會產生不同的情況。表 11–14 彙整說明清閒運動服飾公司於 2016 年 9 月份在個別認定、先進先出、後進先出、加權平均法之存貨成本計價方法下，分攤至銷貨成本與期末存貨之差異情況，如何造成該公司的銷貨毛利產生不同的影響。

表 11–14　各種存貨計價方法對於其部分綜合損益表及部分財務狀況表之影響效果

	個別認定法	先進先出法	後進先出法	加權平均法
部分綜合損益表				
銷貨收入	$225,000	$225,000	$225,000	$225,000
銷貨成本	**49,060**	**48,400**	**50,650**	**49,909**
銷貨毛利	$175,940	$176,600	$174,350	$175,091
部分財務狀況表				
期末存貨	**$ 11,940**	**$ 12,600**	**$ 10,350**	**$ 11,091**

　　由表 11-14 顯示：清閒運動服飾公司 2016 年 9 月份的服飾商品在不同的存貨計價方法下，對於其部分綜合損益表及部分財務狀況表的影響效果。由於清閒運動服飾公司 2016 年 9 月份的購貨價格逐步上漲，因此，在先進先出法下分攤至銷貨成本的金額最少（為 $48,400），而分攤至期末存貨的金額最高（為 $12,600），致使銷貨毛利以及當期淨利為最高（為 $176,600）。相反地，在後進先出法下分攤至銷貨成本的金額最高（為 $50,650），而分攤至期末存貨的金額最低（為 $10,350），致使銷貨毛利以及當期淨利為最低（為 $174,350）。

　　圖 11-1 與圖 11-2 分別說明在物價變動時期，比較先進先出與後進先出法分攤至銷貨成本與期末存貨之差異情況。而加權平均法則介於先進先出與後進先出法之間，其銷貨成本與期末存貨分別為 $49,909 及 $11,091。然而，若購貨價格並非持續上升或下降，而呈現漲跌不定的趨勢，則加權平均法的存貨計價金額不一定會介於先進先出與後進先出法間。至於個別認定法的影響效果，則需視實際銷售的單位成本而定。

　　由上述分析得知，不同的存貨計價方法將對其綜合損益表及財務狀況表產生重大的影響。例如：在物價上漲的時期，某公司打算改變其存貨計價方法，由先進先出法改變成後進先出法，將造成公司的銷貨毛利及本期淨利減少。因而必須發表聲明並揭露：因改變存貨計價的方法，截至目前為止將減少公司淨利的金額為多少。此外，公司也必須在其財務報表或附註中揭露所採用的存貨計價方法為何。

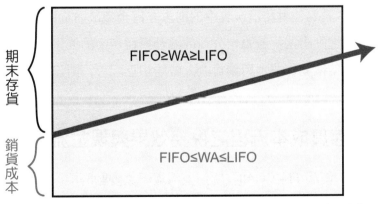

圖 11-1　物價上漲時，比較先進先出與後進先出法分攤至銷貨成本與期末存貨之差異

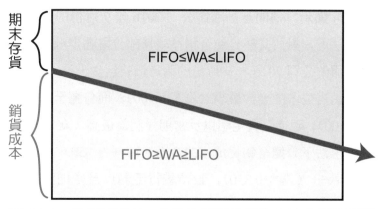

圖 11-2　物價下跌時，先進先出與後進先出法分攤至銷貨
　　　　成本與期末存貨之差異

　　由此可見，瞭解不同的存貨計價方法所產生的差異情況，對於使用財務報表的利害關係人而言可以說是相當的重要。有鑒於此，部分公司會在其財務報表中額外揭露並說明採用不同的存貨計價方法所產生的差異，此舉將有助利害關係人的分析。例如：在物價上漲期間，某公司在最近的財務報表中便指出：「在後進先出法下，最近三年的期末存貨金額相較於先進先出法下，期末存貨金額將會減少的金額分別為多少？」

　　以上四種不同的存貨計價方法各有其優缺點，實務上，皆有公司分別採用之。例如：當商品之單位成本金額很高時，則適合採用個別認定法，因為該方法的優點為出售商品的成本與其銷貨收入得以直接相互配合；當商品的進貨成本的價格波動性不高時，則適合採用加權平均法，以避免商品的單位成本波動過大；若為使財務狀況表中的期末存貨金額最貼近目前的重置成本，則適合採用先進先出法；若為使公司的綜合損益表中的銷貨成本金額較貼近當期的成本，使得銷貨成本與銷貨收入較能相互配合，則適合採用後進先出法。

五、不同存貨成本流程之稅務效果與現金流量效果

　　由圖 11-1 與圖 11-2 可知在物價上揚與下跌變動時期，若公司選擇先進先出或後進先出法時分別分攤給銷貨成本與期末存貨將產生不同的結果，對

於財務報表的影響效果也各不相同。上述比較意味著，在物價上揚的時期，當公司希望達到節稅的效果時，將會選擇使得公司產生較低的期末存貨與較高的銷貨成本之存貨計價方法；亦即公司會採用後進先出法，以使公司產生較高的銷貨成本，較低的銷貨毛利與稅前淨利，故所得稅費用的負擔為最低，因而降低公司的現金流的支出，使得公司能獲得稅賦上的暫時性益處。

唯一例外的是，美國國稅局 (IRS) 的「後進先出一致性規定」(LIFO Conformity Rule) 要求：當公司在報稅時選擇採用後進先出法，公司在財務報表的報導上也必須採用相同的存貨計價方法，避免人為操弄財務報表。理由是因為在經濟繁榮階段，通常公司取得商品的購貨成本大多也處於上漲的趨勢，若公司採用後進先出法將會產生較低的課稅所得以及稅賦上節稅的好處。

然而很現實的另一面是，在購貨成本上升的情況下，許多公司為了節稅目的雖採用後進先出法，但管理者往往為了爭取更多的分紅計劃、升遷機會或提升企業聲譽，傾向刻意報導較高的稅後淨利，以彰顯其管理的績效，故而在財報上會選擇採用先進先出法，促使公司在先進先出法所產生的稅後淨利數字較高。

若在每一個會計期間公司管理者皆可恣意選擇不同的存貨計價方法，則報表使用者便很難分辨出公司在不同期間的實際經營績效，例如當本期淨利較前期增加時，報表使用者可能必須判斷這是由於公司的實際經營績效提升所致，或只是因為存貨計價方法改變所產生的效果。因此，這是美國國稅局所不容許的。

六、財務報表之一致性報導

既然不同的存貨計價方法將會影響公司的財務報表之報導，故有些公司的管理者會傾向在每一會計年度選擇最能配合其需求的存貨計價方法，亦即選擇最能達到美化其財務報表目的之存貨計價方法。例如：今年選擇採用後進先出法、明年選擇採用先進先出法，後年再回到採用後進先出法。由於若公司每年採用不同的存貨計價方法，不同年度的財務報表將無法比較。因此，會計原則並不鼓勵，而財務報表報導的「一致性原則」(Consistency Principle) 便是為了避免上述問題的產生。

　　所謂一致性原則係要求公司在不同會計期間必須採用相同的會計方法，以使跨期間的財務報表具有可比較性，而此原則均適用於所有的會計方法。因此，當公司必須選擇採用某種會計方法時，在一致性原則的要求下，表示公司再往後的會計期間仍須持續採用該相同的會計方法，在此種前提下，便於使用報表者能客觀地比較公司在不同時期的財務報表之差異。

　　然而，一致性原則並非硬性要求公司只能採用一種會計方法，一致性原則仍允許公司內的不同種類存貨得採用不同的存貨計價方法。例如：某企業集團在美國的存貨以後進先出法計價，其他地區則分別以先進先出法或成本與市價孰低法計價。

　　此外，一致性原則亦非硬性規定公司永遠不能改變其會計方法。相反地，若公司能提出合理的理由證明新會計方法較原會計方法更能允當且正確地表達其財務報表時，則仍允許公司變動其會計方法。在「充分揭露原則」(Fully Disclosure Principle) 下便要求公司必須在報表的「附註」(Footnotes) 中說明相關會計方法的變動、變動的理由以及該變動對本期淨利的影響效果。

11–4 成本與市價孰低法

一、成本與市價孰低法

　　關於存貨的評價方法，本章前面著重於以成本計價的方法，如：個別認定法、先進先出法、後進先出法或加權平均法，分攤商品成本給期末存貨和銷貨成本。然而，分攤給期末存貨的成本卻不一定是財務狀況上的評價金額。

　　當相同的商品得以較低的成本汰舊換新時，例如：高科技的電子產品，當公司以更有效率的方式生產這些尖端產品時，就得以發揮規模經濟效果，降低生產成本；或是商品已過時或毀損時，例如時尚的物品或季節性商品，如美國鷹牌 (American Eagle) 的冬裝，往往在球賽的賽季結束後，該冬裝的價值便因過時而下降。上述兩種情況均會造成商品存貨的價值低於其帳面上已記錄的成本。

　　當存貨的價值低於其帳面成本時，一般公認會計原則 (GAAP) 便要求存貨的評價必須減記至較低的市場價值 (Market Value) 認列。換言之，當存貨

的市價低於其成本時，存貨必須以較低的市價評價，而非以成本表達，也就是商品存貨的評價上必須按照成本與市價孰低法 (Lower of Cost or Market, LCM) 評價。促使存貨以不超過其實際價值的方式穩健地報導，並且在損失發生的當期立即認列存貨價值減損的部分，使收益與費用能更允當地相互配合。

二、穩健原則

一般公認會計原則 (GAAP) 規定當存貨的市場價值低於其成本時，則存貨應以市價入帳。然而，當成本低於市價時，則存貨應以成本入帳。換言之，基於穩健原則 (Conservatism Principle)，當估計未來的應收或應付金額時，若有兩種以上發生機率相同的估計法，則應採用最保守的估計方法，亦即予以認列可能的損失，但不認列可能的利益；其中成本與市價孰低法屬於較穩健的估計方法。

三、成本與市價孰低法的衡量

根據成本與市價孰低法，其中的「市價」指的是存貨的現時重置成本，亦即當期購買相同的商品所需付出的成本。當市價下跌時代表存貨價值的減損，由於存貨帳列成本高於現時重置成本，因此，必須認列帳列成本與市價間差額部分之「存貨跌價損失」。

過往的會計書籍介紹成本與市價孰低法時，也同時介紹了三種成本與市價孰低法的計算方法，即：(1)個別比較；(2)分類比較：(3)整體比較。然而，近年來拜科技蓬勃發展之賜，當公司的存貨種類愈多時，將使得「個別比較法」更為普遍可行。下列以時尚服飾公司 2016 年底的兩項期末存貨為例，說明在個別比較之成本與市價孰低法的計算下，存貨的評價金額。

假設時尚服飾公司 2016 年底包含兩項期末存貨：大衣及牛仔褲，若期末市價已產生變動，如表 11-15 所示。

表 11-15

	單位成本	單位市價	每一品項之成本與市價孰低法	數量	成本與市價孰低法之總金額	總成本
大衣	$3,300	$3,000	$3,000	2,000	$3,000 × 2,000 = $6,000,000	$6,600,000
牛仔褲	400	500	400	800	$400 × 800 = $320,000	$ 320,000

由於 2,000 件大衣的單位市價為 $3,000，低於成本 $3,300，根據成本與市價孰低法的評價原則，每件大衣必須認列 $300 的存貨跌價損失，因此，期末全數認列的存貨跌價損失總計為 $600,000(= $300 × 2,000)。期末存貨價值減損的跌價損失反映在會計恆等式的效果如下：

資產	=	負債 +	股東權益
存貨 – $600,000	=		股東權益 – $600,000
			銷貨成本增加

關於存貨跌價損失的部分，大多數的公司認為雖然商品尚未出售，但該項存貨價值減損的部分為公司持有商品的必要成本，故存貨跌價損失應歸屬於「銷貨成本」的一部分。若將發生存貨跌價損失認列於存貨價值減損之當期，則將使得收益與費用能確實於同一期相互配合。因此，關於存貨跌價損失的分錄如下：

12 月 31 日　銷貨成本 ⋯⋯⋯⋯⋯⋯⋯⋯⋯⋯⋯　600,000

　　　　　　　　存貨 ⋯⋯⋯⋯⋯⋯⋯⋯⋯⋯⋯⋯⋯　　　　600,000

　　　　　（按市價評價之跌價損失）

至於牛仔褲的期末存貨則無需提列跌價損失，原因是，由於 800 件牛仔褲的單位市價為 $500 高於成本 $400，根據成本與市價孰低法的評價原則，

新潮牛仔褲期末應按照較低的成本評價，亦即帳列成本總額仍應認列為 $320,000(= $400 \times 800)$。

由於投資人與分析者普遍認為，在成本與市價孰低法下存貨價值減損現象為公司的存貨管理問題，故有些公司的管理者會故意規避不採用成本與市價孰低法評價存貨。若公司不遵行成本與市價孰低法，將造成財務報表的錯誤報導，恐造成投資人的損失，且牽涉到企業道德問題，不容小覷。

練習題

一、選擇題

1. 子丑公司存貨採用永續盤存制。X1 年 7 月 1 日賒銷一批商品給寅卯公司，成本 $100,000，標價 $250,000，特別折扣 20%，起運點交貨，付款條件 2/10，n/30，子丑公司支付運費計 $5,000。7 月 10 日寅卯公司付清全部欠款。有關子丑公司銷貨之分錄，下列敘述何者正確 (公司採用總額法記錄銷貨)？
   (A) 7 月 1 日借記應收帳款 $201,000
   (B) 7 月 1 日借記現金 $201,000
   (C) 7 月 1 日借記銷貨運費 $5,000
   (D) 7 月 10 日借記銷貨折扣 $4,020　　　　　　　　　104 年鐵路特考

2. 甲公司期末盤點存貨後，帳上調整分錄記錄如下：

存貨（期末）	10,000	
銷貨成本	300,000	
進貨		310,000

   由上述說明，可知：
   (A) 發生存貨盤點損失 $10,000
   (B) 發生存貨盤點利益 $10,000
   (C) 公司存貨制度採定期盤存制
   (D) 公司存貨制度採永續盤存制　　　　　　　　　　　105 年初等

3. 甲公司於 X2 年 12 月 30 日賒購商品一批 $750,000，雙方約定起運點交貨，該批商品於 X3 年 1 月 5 日送達，該公司未將該筆進貨入帳，期末盤點存貨時亦未計入，試問該錯誤對 X2 年淨利及 X2 年底負債的影響為何？
   (A) 淨利高估、負債低估
   (B) 淨利無影響、負債高估
   (C) 淨利低估、負債高估
   (D) 淨利無影響、負債低估　　　　　　　　　　　　　105 年初等

4.當物價持續下跌時，則下列何種存貨計價方法所算得之銷貨毛利最低?

　(A)簡單平均法

　(B)加權平均法

　(C)移動加權平均法

　(D)先進先出法　　　　　　　　　　　　　　　　　　　105 年初等

5.甲公司商品成本 $150,000，正常售價為 $180,000。商品因陳舊而變色，如果重新上色需花費 $1,500 整修，但整修後可按正常售價的六折出售，另需負擔運送至顧客的費用 $500。則該商品應認列多少存貨跌價損失?

　(A) $43,500

　(B) $44,000

　(C) $62,000

　(D) $106,000　　　　　　　　　　　　　　　　　　　105 年普考

6.有關存貨成本公式及盤存制度，下列何者正確?

　(A)存貨成本公式必需與商品實體的流動一致

　(B)僅有在定期盤存制之下，企業必需進行期末盤點，也因此只有定期盤存制才有盤損或盤盈的產生

　(C)採用定期盤存制的企業，在年終調整以前，存貨項目的餘額為期初存貨

　(D)採用先進先出成本公式，在物價下跌的情形下，定期盤存制之銷貨毛利較永續盤存銷貨毛利為高　　　　　　　　　　　104 年普考

7.可替換之大量存貨，於後續衡量時，存貨成本可適用那些方法? ①個別認定法②先進先出法③加權平均法④後進先出法

　(A)僅①

　(B)僅②③

　(C)僅②③④

　(D)①②③④　　　　　　　　　　　　　　　　　　　104 年高考

8.甲公司 X1 年 12 月 31 日盤點存貨餘額為 $700,000，會計師查核時發現下列幾項交易:

　①向乙公司進貨 $250,000，目的地交貨，X1 年 12 月 30 日交貨運公司運送，甲公司於 X2 年 1 月 2 日收到。

②向丙公司進貨 $150,000，起運點交貨，X1 年 12 月 28 日交貨運公司運送，甲公司於 X2 年 1 月 1 日收到。

③承銷丁公司之商品計有 $15,000 尚未出售，已列入期末盤點之存貨中。

則甲公司 X1 年 12 月 31 日期末存貨正確餘額為何？

(A) $1,100,000

(B) $1,085,000

(C) $835,000

(D) $685,000

103 年高考

9. 忠孝公司銷售商品一批，訂價 $300,000，以七五折成交。公司授信政策規定，若客戶於 10 天內還款，給予 2% 現金折扣；客戶至遲須於 30 天付款。若忠孝公司採淨額法認列銷貨收入，則成交當天之分錄為何？

(A)借記：應收帳款 $220,500，貸記：銷貨收入 $220,500

(B)借記：應收帳款 $220,500、銷貨折扣 $4,500，貸記：銷貨收入 $225,000

(C)借記：應收帳款 $225,000，貸記：銷貨收入 $225,000

(D)借記：應收帳款 $220,500、銷貨折扣 $19,500，貸記：銷貨收入 $240,000

104 年鐵路特考

10. 怡保公司以聚丙烯 (PP) 為原料製造密封盒。該公司 X1 年 12 月 31 日之期末存貨，包括密封盒 (成本 $800,000，淨變現價值 $960,000) 及聚丙烯 (成本 $1,200,000，淨變現價值 $1,000,000)。試問該公司於 X1 年底應認列之存貨跌價損失為多少？

(A) $0

(B) $40,000

(C) $160,000

(D) $200,000

104 年鐵路特考

二、問答題

1. 精英公司於 2016 年底的存貨盤點時，忘記盤點某些商品。請說明此項過失對下列項目的影響效果為何？（高估；低估；無影響）

⑴ 2016 年度的銷貨成本

⑵ 2016 年度的銷貨毛利

⑶ 2016 年度的淨利

⑷ 2017 年度的淨利

⑸ 2016、2017 年度的總收入

⑹ 2017 年以後的收入

2. 下列為三種相互獨立的情況，已知購貨為起運點交貨的條件，試完成下列各狀況中所遺漏的數字：

	情況一	情況二	情況三
購貨的發票金額	$2,256,000	$960,000	$780,000
購貨折扣	120,000	c	19,200
購貨退出及折讓	48,000	60,000	28,800
購貨的運輸成本	a	108,000	120,000
存貨（期初）	216,000	d	240,000
購貨總成本	2,193,600	972,000	e
存貨（期末）	129,600	204,000	f
銷貨成本	b	1,022,400	843,120

3. 菁華公司於 2016 年的期初存貨為 10 單位、其單位成本為 $1,440，該公司在往後四個月的每月 1 日分別以單位成本 $1,464、$1,488、$1,560 及 $1,680 購買 10 單位的商品。試計算菁華公司可供銷售商品的總成本。

4. 揚揚公司設立於 2016 年 12 月 1 日從事買賣商品業務，該公司採用永續盤存制。2016 年 12 月份購買的三批商品明細如下：

12 月 7 日　　10 單位　×$168

12 月 14 日　　20 單位　×$192

12 月 21 日　　15 單位　×$240

揚揚公司於 2016 年 12 月 15 日以每單位 $300 元銷售 15 單位的商品，其中 8 單位為 12 月 7 日所購買，另外 7 個單位為 12 月 14 日所購入。試分別以下列四種存貨盤點制度，計算揚揚公司 2016 年 12 月 31 日的期末存貨成

本：(1)先進先出法；(2)後進先出法；(3)加權平均法；(4)個別認定法

5. 淘淘公司於 2017 年 1 月份的期初存貨以及進貨明細如下表所示,已知淘淘
公司於 1 月 26 日出售 355 單位的商品,則在下列三種不同的存貨盤點制度
下, 剩下 160 單位的期末存貨之成本為多少? (1)先進先出法；(2)後進先出
法；(3)加權平均法 (單位成本計算至小數點後第二位)。

	數量	單位成本
期初存貨, 1 月 1 日	320	$72.00
進貨, 1 月 9 日	85	76.80
進貨, 1 月 25 日	110	80.40

6. 卓群貿易公司於 2016 年 12 月 31 日的期末存貨明細如下表所示:

	數量	單位成本	單位市價
登山腳踏車	11	$14,400	$13,200
滑板	13	8,400	10,200
滑翔翼	26	19,200	16,800

試以成本與市價孰低法評價該公司的商品存貨: (1)整批；(2)個別商品。

7. 庫悅公司於 2017 年度的期初存貨以及進貨明細如下表所示:

1 月 1 日	期初存貨	280 單位 × $144.00	= $ 40,320
3 月 7 日	進貨	600 單位 × $134.40	= $ 80,640
7 月 28 日	進貨	1,100 單位 × $120.00	= $132,000
10 月 3 日	進貨	700 單位 × $110.40	= $ 77,280
12 月 19 日	進貨	300 單位 × $ 91.20	= $ 27,360
	合計	2,980 單位	= $357,600

庫悅公司於 2017 年間分別於下列日期以每單位 $360 出售商品:

1 月 10 日	200 單位
3 月 15 日	450 單位
10 月 5 日	1,400 單位
合計	2,050 單位

已知庫悅公司採用永續盤存制，在 2017 年底的期末存貨中，其中 830 單位為 7 月 28 日的進貨，另 100 單位為 12 月 19 日的進貨。試分別以下列四種不同的存貨盤點制度，計算該公司的期末存貨以及銷貨成本：⑴個別認定法；⑵加權平均法；⑶先進先出法；⑷後進先出法。

8. 華瑞公司在 2016 年的期初存貨與進貨明細情況如下表所示：

1 月 1 日	期初存貨	400 單位 × $240	= $ 96,000
3 月 14 日	進貨	700 單位 × $360	= $ 252,000
7 月 30 日	進貨	900 單位 × $480	= $ 432,000
10 月 26 日	進貨	1,400 單位 × $600	= $ 840,000
可供銷售商品總額		3,400 單位	$1,620,000

華瑞公司於 2016 年期間分別於下列日期以每單位 $960 出售商品：

1 月 10 日	200 單位
3 月 15 日	300 單位
10 月 5 日	620 單位
總銷售單位	1,120 單位

已知華瑞公司採用永續盤存制，試分別以下列兩種不同的存貨盤點制度，計算該公司的銷貨毛利：⑴先進先出法；⑵後進先出法。

9. 華晟公司於 2016 年的期初存貨與進貨明細情況如下表所示：

1 月 1 日	期初存貨	600 單位 × $1,080
2 月 10 日	進貨	350 單位 × $1,008
3 月 13 日	進貨	200 單位 × $ 696
8 月 21 日	進貨	150 單位 × $1,200
9 月 5 日	進貨	545 單位 × $1,152

已知華晟公司採用永續盤存制，該公司於 2016 年期間分別於下列日期以每單位 $1,800 出售商品：

| 3 月 15 日 | 600 單位 |
| 9 月 10 日 | 100 單位 |

試問:

⑴計算華晟公司於 2016 年度全數可供銷售的商品總成本以及可供銷售商品的總數量。

⑵計算華晟公司於 2016 年底的期末存貨之數量。

⑶分別以下列四種不同的存貨盤點制度,計算該公司的期末存貨成本: (a)先進先出法; (b)後進先出法; (c)個別認定法 (註: 已知 600 單位為期初存貨,以及 3 月 13 日進貨的 100 單位); (d)加權平均法。

⑷分別以下列四種不同的存貨盤點制度,計算該公司的銷貨毛利: (a)先進先出法; (b)後進先出法; (c)個別認定法 (註: 已知 600 單位為期初存貨,3 月 13 日進貨的 100 單位,以及 9 月 5 日進貨的 445 單位); (d)加權平均法。

⑸若華晟公司的管理者每年可獲得的紅利是根據銷貨毛利的 1% 衡量,則該公司採用哪一種存貨成本計價方法對於管理者較為有利?

10.天祥公司採用定期盤存制,2017 年 10 月,其甲商品之進貨與銷貨之明細如下:

	數　量	總成本
存貨,10 月 1 日	20	$2,000
進貨,10 月 9 日	50	5,500
銷貨,10 月 11 日	33	
進貨,10 月 20 日	30	3,600
銷貨,10 月 27 日	35	

試分別採用⑴個別辨認法 (10 月 11 日所售商品為 10 月 9 日所購買,10 月 27 日所售商品中 30 件為 10 月 20 日所購買,其餘屬於期初存貨),⑵加權平均法,⑶先進先出法,⑷後進先出法,計算 10 月底之存貨金額及 10 月份之銷貨成本。

11. 某公司某會計年度之商品購銷交易如下：

　(1)賒購 $30,000。

　(2)支付進貨運費 $1,000。

　(3)進貨退出 $700。

　(4)應付帳款付清，取得折扣 $500。

　(5)賒銷 $50,000，成本為 $26,800。

　(6)期初存貨 $7,000，期末存貨 $10,000。

　試按永續盤存制作成普通分錄，並顯示存貨分類帳戶之內容。

12. 亞美公司 1 月初丙商品存貨為五件，每件成本 $1,400，1 至 3 月份購銷交易如下：

	進　貨		銷　貨	
	數量	單價	數量	售價
1 月　1 日	10	$1,425		
12 日			6	$2,000
27 日			4	2,000
2 月　6 日	8	1,450		
7 日			5	2,000
14 日			2	2,000
25 日	7	1,500		
3 月　6 日			6	2,100
12 日			3	2,100
15 日	10	1,525		
20 日			5	2,200

　試分別按照先進先出法及後進先出法，將上述丙商品交易記入存貨明細卡，並計算 1 至 3 月份之銷貨收入、銷貨成本及銷貨毛利。

13.向上公司 2017 年度相關財務資料如下:

銷貨收入	$160,000
進貨	70,000
期初存貨	35,000
期末存貨	50,000
營業費用	3,000

試問:

(1)銷貨成本若干?

(2)銷貨毛利若干?

(3)淨利若干?

14.林山商店 2017 年及 2018 年之簡明損益表如下:

	2017 年	2018 年
銷貨收入	$42,000	$35,000
銷貨成本	25,000	18,000
銷貨毛利	$17,000	$17,000
營業費用	10,000	10,000
淨利	$ 7,000	$ 7,000

2019 年初該店會計長發現 2017 年底期末存貨少計 $3,000。

試作下列事項:

(1)計算 2017 年及 2018 年正確之淨利。

(2)此項錯誤如未加改正,對 2018 年底之權益有何影響?

第十二章

內部控制與現金

前　言

　　當企業的運作有效率時，內部控制能提升企業的營運，進而增進財務面與非財務面資訊的報導，促使企業能夠遵行法律及法規。相反地，當內部控制失敗時，將導致災難性的結果。足見「內部控制」是協助企業實現目標的幕後實踐者。過往因內部控制制度失靈，企業遭監守自盜或內部掏空致產生鉅額損失的事件，時有所聞。例如：2013 年期間，某銀行行員利用擔任某廟宇管理委員會會計兼出納職務，私自代客保管存摺，挪用存款 790 餘萬元，由於開戶過程及申請書的檢附文件未依銀行的內部規定辦理，未確實執行內部控制制度。金管會認為該名行員挪用客戶款項，存在未確實執行內部控制制度的缺失，違反銀行法規定，遭金管會核處 200 萬元罰鍰，並命令該銀行解除該行員的職務。可見得內部控制之於企業營運與目標達成之重要性，企業的管理當局實有必要建立一套完整且確保公司資產（現金）安全性之內部控制政策。

　　本章將協助學習者瞭解為何會發生舞弊的情事，以及如何透過內部控制制度避免舞弊的情況發生。同時說明如何運用內部控制制度以保護企業的現金與資產之安全性。研讀本章後，將有助於企業及個人避免產生無謂的損失。

學習架構

- 定義舞弊及內部控制。
- 說明內部控制的一般原則與限制。
- 運用內部控制原則於現金的收取與支付。
- 說明零用金制度之會計處理方法。
- 透過銀行往來調節表報導現金。

12-1 舞弊及內部控制

一、舞弊

1.定義

舞弊 (Fraud) 通常指企圖欺騙他人以謀取個人私利的行為。針對公司的組織，則因員工的不誠實行為因而達到牟取個人利益之目的，卻使雇主付出慘痛的損失。

2.舞弊的行為

由於職員的舞弊行為而導致公司產生損失的情況，通常可歸類為以下三種型態：

(1)腐敗

腐敗 (Corruption) 涉及濫用自己的職務，以謀取不當的個人利益。例如：公職人員、國家元首或民意代表因為受賄或收授回扣，被判處有期徒刑。

(2)挪用資產

挪用資產 (Asset Misappropriation) 其實很簡單，偷竊或貪污亦同。公司的現金通常是最容易被挪用或偷竊的目標，然而其他資產亦同樣可以被挪用。例如：員工挪用公款中飽私囊或偷竊盜賣公司的產品。

(3)財務報表的舞弊

此種類型的欺詐涉及財務報表金額的錯誤報導，最常見的是以窗飾 (Window Dressing) 的方式描繪更有利的財務結果，因而美化實際的狀況。其中最具代表性的案例首推發生在美國的安隆 (Enron) 公司（已破產）以及世界通訊公司 (WorldCom)（已被併購）。由於世界通訊公司違反一般公認會計準則 (GAAP) 的規範，將 110 億美元的費用記為資產，造成該公司資產負債

表之資產總額以及損益表的收入均多計了 110 億美元。

為何會發生上述的員工舞弊或欺詐的情事？許多的研究歸納出，由於誘因、機會、財務壓力、合理化等因素，促使舞弊或欺詐的行為層出不窮。

3. 促成舞弊的原因

(1)誘因 (Incentive)

詐欺或舞弊者總是可以找出千萬個理由，如：個人的財務壓力、暫時挪用繳交個人的信用卡帳單等等藉口，為個人觸犯詐欺或舞弊行為解套。

在某些情況下，誘因可促使企業邁向成功，進而吸引投資者，帶來新的商業夥伴，或滿足貸款的要求，但也可能有相反的效果。例如：在貸款協議的合約中，會要求公司必須實現其財務目標，如維持特定的資產或股東權益之具體水平。若公司未能符合貸款合約的要求，貸款人可以要求公司支付更高的利率，必要時甚至會要求公司必須提前償還貸款餘額，或設定額外的抵押品以確保貸款的安全。為了規避上述的限制情況，不誠實的經理人可能會窗飾公司的財務報表。

(2)機會 (Opportunity)

舞弊者總是可以找到詐欺或舞弊的漏洞，促使觸犯詐欺或舞弊的機會通常源自於薄弱的內部控制制度。例如：促使某些公司職員有挪用公款的機會，是因為支付現金時未經由財務主管的授權或核准。

(3)合理化 (Rationalization)

詐欺或舞弊者認為不良行為是不可避免的或是合理的。我們可以經由某些訴訟案例觀察到，辯護律師通常為這些觸犯詐欺或舞弊者辯稱的理由是，用成癮或患有精神疾病而導致無法控制的強迫行為，來企圖為這些人脫罪。

在許多情況下，詐欺或舞弊者透過伸張個人權利以合理化自己的行為，勝過道德原則，如：誠實，體諒他人等等。這些人經常感覺他們是被虧待的一方，所以詐欺或舞弊是他們理所當然獲取平衡或回饋的方式，而且認為是

他們應得的。

　　欺詐或舞弊對於各種規模與類型的公司造成不等的影響，尤其對上市公司的影響尤鉅。當上市公司失去投資者的青睞時，則股價立即受到影響。為了減少上市公司中的欺詐或舞弊行為，美國政府制定了一項重要的法案——沙賓法案。

二、沙賓法案

　　沙賓法案 (The Sarbanes Oxley Act, SOX) 乃是美國為了因應在 21 世紀初發生的財務報表詐欺事件而訂定。由於美國的安隆公司以及世界通訊公司的財務報表虛飾舞弊，造成投資者對於股票市場的信心崩潰。有鑑於此，美國國會於 2002 年 7 月通過沙賓法案，試圖重拾投資者的信心並提升財務報告的品質。

　　沙賓法案是美國自從 1930 年代推出證交法以來，對於財務報告最重要的改革之一，所有在美國股票交易所交易的公司皆必須遵行沙賓法案的規範。目前在商業世界中的每一份子，無論是否為會計專業人士，幾乎都已感受到沙賓法案的影響力。

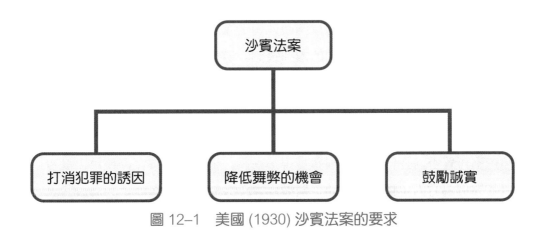

圖 12-1　美國 (1930) 沙賓法案的要求

　　沙賓法案提出許多新的要求：

1.打消犯罪的誘因

故意歪曲財務績效者將面臨嚴厲的處罰，包括高達 500 萬美元的罰款，外加必須償還任何因欺詐而獲得的不當利益。此外，由於美國聯邦量刑指南 (Federal Sentencing Guidelines) 允許法官累計累犯的刑期，使得最高刑期提昇到 20 年的有期徒刑。

2. 降低舞弊的機會

為了降低欺詐或舞弊的機會以提升公司的財務報告之內部控制，法案要求所有的上市公司必須遵行下列的規範：

⑴ 由獨立董事組成審計委員會

審計委員會 (Audit Committee) 應努力地確保公司的會計、內部控制以及審計的功能達到有效性。

⑵ 評估財務報告的內部控制之有效性，並提出報告

針對大型上市公司而言，此種評估必須由管理階層及外部審計人員共同完成。鑑於控制有效性的外部審計可能所費不貲，因此，對於小型上市公司而言，此項目為選擇性。然而，很遺憾地，某些公司的經理人可能認為公司的資源最好被運用於戰略性的規劃而非用於審計的工作，因此並未要求外部審計人員予以測試並報導公司的內部控制。若能付諸行動，將可能提早偵測大量的欺詐或舞弊行為。

3. 鼓勵誠實

不可置否，任何法律皆很難實現這一點，但沙賓法案在促使員工誠實面對舞弊行為方面，提供了幫助。例如：

⑴ 上市公司必須設置檢舉（爆料）管道，允許員工能秘密地提交有關可疑的會計或審計實務的資料。美國的證券交易委員會便曾經支付了 1,400 萬美元給這些檢舉（爆料）者，因而揭露了公司的舞弊行為。

⑵ 法案賦予檢舉（爆料）者法律上的保護，使得檢舉（爆料）者不至於被報復。

⑶ 如果員工提告老闆且提交一份欺詐的報銷記錄，則該員工不會因而被解僱。

⑷公司必須為高階財務人員訂定道德守則。例如：Google 公司訂立了「不作惡」的守則。

　　綜上所述，沙賓法案的規範主軸可彙整如下：

◆強化公司治理及透明度。

◆財務報告製作的責任及透明度。

◆會計師事務所及其審計人員的獨立性。

◆增加行政主管機關的資源及職權。

三、內部控制

1.內部控制的目標

　　由於大型企業的股東（所有者）無法事必躬親，故必須透過授權管理階層、工作責任劃分，或是仰賴「內部控制系統」(Internal Control System) 等正式程序，以降低偷竊、舞弊風險所造成的損失。

　　內部控制 (Internal Control) 是由人們在組織的各個層面所採取的行動，以協助企業實現以下的目標：

⑴營運 (Operations)

　　營運目標著重於有效率且有效能地完成工作，以保護資產的安全性並降低欺詐或舞弊的風險。例如：妥善保管自身及公司的財物。

⑵報導 (Reporting)

　　報導目標包括針對組織的內部與外部使用者，產生可靠且即時性的會計資訊。例如：確認銀行帳戶的正確性。

⑶遵行 (Compliance)

　　遵行目標著重於遵守法律與法規。例如：開車時遵守速限的規定。

2.內部控制系統

指企業的管理階層用以達到上述目標之所有「政策」(Policies) 以及「程序」(Procedures)，其目的在於：

⑴保護資產的安全性

⑵確保會計記錄之可靠性

⑶提昇營運的效率性

⑷確保遵行公司的政策與規範

以確保達到：

◆避免不必要的損失。

◆協助經理人員規劃公司的營運政策。

◆監督公司及人員的績效。

3.內部控制系統包括五項基本的要素

當分析企業的內部控制系統時，多數企業會運用以下的控制要素作為基礎：

⑴控制環境 (Control Environment)

控制環境指的是企業組織中的人員對於內部控制的態度，將會受到下列因素的影響，包括：公司的董事會與高階主管所設置的政策；董事會與高階主管對於誠信與道德價值觀所表現出來的承諾；企業員工的特質，以及董事會與高階主管對他人的評價方式。強大的控制環境有助於企業幫助其員工瞭解，內部控制之於組織成功的價值。

因此，高階管理階層的職責在於塑造企業組織一個清楚的氛圍，亦即「組織價值觀的完整性」以及「不道德行為絕對不被容忍」的高層基調。

⑵風險評估 (Risk Assessment)

管理階層應不斷地評估欺詐、舞弊及其他風險可能會阻礙企業實現其目標的潛在可能性。因此，企業必須確認並分析產生風險的各種可能因素，且必須決定如何管理這些風險。

⑶控制活動 (Control Activities)

控制活動包括員工須完成的各項工作的責任與職責，以降低風險到可接受的水平。因此，為降低欺詐或舞弊的情事發生，管理階層必須設計政策與程序，以強調公司所面臨的特定風險。

⑷資訊與溝通 (Information and Communication)

一個有效的內部控制制度必須能產生並傳遞一些資訊，該資訊關係著所有影響企業組織支持合理的決策所制定的活動。因此，內部控制制度必須能捕捉並溝通所有企業組織上下之攸關訊息，並與外部團體適當的溝通交流。

⑸監督活動 (Monitoring Activities)

內部控制系統通常被評估，以確定是否按照預期規畫予以運行。不足之處應該傳達給那些負責採取糾正措施者，包括：高階管理人員以及董事會。因此，企業必須定期監測內部控制制度的適切性，若有重大缺失必須定期或不定期向高階管理階層或董事會呈報。

12-2 內部控制的一般原則與限制

本章的前面章節中曾說明內部控制的目標與控制要素，乃是由控制的基本原則所支持。以下則著重於內部控制的八項基本原則，該原則適用於企業的所有領域。包括：人力資源管理、財務、行銷以及一般的企業營運。然而，本章的焦點主要在「會計」領域之應用。

一、內部控制的基本原則

每家公司視公司的本質、業務性質與規模而有不同的內部控制政策與程

序。然而，為提升會計記錄的可靠性與正確性，某些基本的內部控制原則適用於所有的公司，茲分述以下八項內部控制的基本原則（如圖 12-2 所示）如下：

圖 12-2　內部控制的基本原則

1. 建立責任 (Establishment of Responsibility)：工作責任的設定及責任歸屬

確定已清楚設定每項工作的責任劃分，並指派每位員工所負的責任範圍。當一位員工僅分派一項特定的工作任務時，則內部控制最為有效。這樣做可以讓公司辨識出，究竟誰是發生錯誤或盜竊的罪魁禍首？如果權責沒有劃分清楚，在錯誤發生時，將不易確認究竟是哪位員工的責任。

例如：零售業者會分配給每一位收銀員，各自一部專用的收銀機，由這

位收銀員獨自負責從這部收銀機抽屜中放入或拿取現金。反之，若由兩位收銀員共用一部相同的收銀機，則日後將不容易釐清究竟是哪位收銀員造成收銀機抽屜內的現金短缺。

　　為了避免上述問題，許多公司便分配給每一個銷貨人員一個專用的收銀機抽屜，藉以區別每位銷貨人員所處理的現金收入。此外，當銷售人員換班更換所屬現金抽屜時，皆需在櫃檯旁等待，俟現金清點無誤後才可以完成交接換班。

2. 劃分職責 (Segregation of Duties)；或工作劃分 (Divide Responsibility for Related Transactions)

　　相關的活動應分配給不同的職員分別分工負責，也就是同一交易或一系列的交易事項應將責任分配給不同人員（或不同部門）予以完成，藉以確保同一工作有另外的人員進行確認，以達相互牽制、相互驗證之目的，這項原則又稱為「職能分工」。

　　劃分職責涉及到責任的分配，如此一來便不會產生員工犯錯或觸犯不誠實的行為時，完全沒有其他人員發現之情況。這也同時說明若沒有這項劃分職責的內部控制制度，存貨的買方為什麼不會核准付款給供應商。因為若沒有這項劃分職責的內部控制制度，買方可能創造自己的虛擬供應商，且莫須有地批准對於供應商的付款。因此，當公司將相關活動的職責或未接觸資產的記帳工作分配給兩位或兩位以上的員工時，職責的劃分便是最有效的方式。是故，一位職員不應該同時負責發出採購單、驗收存貨以及付款給供應商的任務，並且又有機會參與同一交易事項的事務。這些交易就應劃分開來，並交由不同人員或不同部門分別執行，以避免互相勾結或舞弊。

3. 保管資產者與帳務處理者分離

　　掌管或使用資產的員工以及同時維護資產紀錄者，應分別由不同的人員擔任，以降低「監守自盜的風險」或「浪費資產的可能性」（除非兩人互相勾結）

4. 文件流程 (Documentation Procedures) 應保持適當的記錄

公司應使用預先編好號碼的書面文件，且所有文件應及時記錄並予以歸檔。

數據與文件是企業的共同特徵，一般人可能沒有意識到它們所代表的內部控制意涵。透過記錄每項活動，公司記錄了以下的交易事項，如：商品是否已運送、顧客是否已收到帳單、現金是否已收到等等記錄。若沒有這些書面文件，公司便不清楚哪些交易事項已經或需要記錄到會計制度。為了強化這項內部控制的功能，多數公司給予文件分配序列號碼，並檢查在序列號碼中已使用的數字。此項檢查將會頻繁發生，有時每天，以確保每一項交易事項皆已記錄，並且每個文件號碼皆對應至一個且僅有一個的會計分錄。

保持適當的記錄可協助「保護資產」並「促使員工按照既定的程序進行作業」，可靠的記錄也是一項資訊來源，以利管理階層用來監督日常的作業流程，更是內部控制系統之重要一環。例如：

⑴編製設備或工具等的詳細明細表

當設備有詳細的記錄時，在資產失竊或損傷時公司能發現的機會被大大地提升。

⑵設置帳戶圖

當帳戶報表設計得宜，交易事項便可被正確地記錄。

⑶利用事先印妥且預先連號的表單或內部文件

銷貨人員便可有效率地記錄各項銷貨交易所需資訊，且可維護交易紀錄的正確性並節省顧客的時間。此外，若銷貨單已事先妥善設計且連續編號並加以控管，每一位發出銷貨單的人員均需要對於本人發出的單據負起應負擔的責任，將可防止銷貨人員私吞收到的現金，或將銷貨單銷毀。因此，電腦化 POS (Computerized Point-of-sales System) 系統便可有效地達成上述的控制

目標。

5.實質管制 (Physical Controls)

當牽涉到企業的資產保護以及提昇會計記錄的正確性與可靠性時，某些內部控制涉及相當明顯的步驟。例如：實地鎖住有價值的資產、運用電子安全系統以進入其他資產與資料、限制人員進入公司以檢查簽名設備、需要密碼才能打開收銀機以及設立防火牆以保護電腦系統等等管制措施。若員工不需要資產或資訊來履行其擔負的責任，他們便被拒絕進入。

6.獨立的內部查核 (Independent Internal Verification)

企業可以透過各種方式，進行獨立的查核。最佳的方式就是僱用外部的獨立第三者（如：會計師或審計人員）擔任，公正客觀地衡量內部系統運作之效率性與有效性，並驗證公司內部其他人員所做的工作之適宜性且藉由文件予以佐證。此外，獨立的查核也可應用在個人工作的一部分。例如：在開立支票以支付整批商品的帳單前，職員會先確認，該批商品是否實際驗收且金額計算正確。第三種形式的獨立查核則予以比較公司由第三方保存的會計資訊。例如：公司可能會將內部的現金記錄與銀行出具的結算清單加以比對。本章後續將透過銀行往來調節表 (Bank Reconciliation)，說明此項驗證的過程。

因此，獨立的內部查核之原則為：

◆內部定期稽核，由一位超然獨立的職員，定期或不定時驗證記錄，確保內部控制程序之落實。

◆外部獨立審計：查帳前先評估公司內部控制的成效 (CPA)。

◆若遇差異狀況或例外情形則應向管理階層報告，以適時矯正。

7.人力資源控管 (Human Resource Controls)

⑴資產投保，或與重要員工簽訂保證契約

為預防意外或員工偷竊而造成損失，應適當地確保資產的安全，並約束

處理現金或可轉讓資產之關鍵性員工。例如：公司與員工簽訂保證合約以約束員工，當員工竊取資產時，公司能有求償的管道，以降低員工偷竊的損失並抑制員工偷竊的慾望。

⑵債券型員工 (Bond Employees)

　　對於特定工作的員工（例：保管現金）予以投保，以獲得保險的保障。

⑶工作輪調，並強迫休假

⑷進行職員之背景調查

8.輔助工具

◆收銀機
◆支票打印機（支票防護裝置，無法更改金額）
◆打卡鐘（管制上、下班時間）或個人身分確認掃描器
◆數鈔機、數零錢機
◆閉路電視、電眼裝置

二、內部控制的限制條件

　　所有內部控制的政策與程序當然會有其限制，沒有一個內部控制是完美的，管理者必須在可帶給公司效益的前提下考慮建立內部控制系統。內部控制的限制條件最嚴重的是關於人員的問題，以下針對人為因素所產生的內部控制限制分成四類，分述如後：

1.人為無心的錯誤

　　當員工的身體狀況處於疲勞、藐視 (Override)、疏忽、判斷錯誤、冷漠、誤解或疑惑時，執行內部控制程序時可能發生無心的錯誤。企業可藉由適當的內部控制政策或程序來克服。

2. 人為故意的舞弊

員工為了個人利益因而有心挑戰並破壞內部控制，欺騙內部控制管理人員，例如：勾結 (Collude)。

3. 內部控制所支付的成本超過所帶來的效益

企業組織僅會在內部控制所帶來的效益超過其所支付的成本時，落實內部控制的程序。例如：企業為避免顧客順手牽羊，可能規定顧客離開前須配合進行搜身，此種舉動終會將顧客趕跑。因此舉所產生的營業額短少的機會成本，恐將超過被順手牽羊的損失。

對於小公司而言，雇用額外的員工以落實權責劃分的內部控制功能，其成本負擔超過帶來的利益。在此情況下，可由高階管理階層的獨立查核彌補權責劃分的內部控制功能。

4. 小公司通常無法確實實踐工作輪調或獨立的稽核

對於小公司而言，雇用額外的員工以落實權責劃分的內部控制功能，通常無法確實實踐工作輪調或獨立的稽核。在此情況下，可由高階管理階層的獨立查核彌補權責劃分的內部控制功能。

12-3 現金與內部控制

現金的內部控制對於企業而言，實為一項重要的課題，理由有二：

1. 由於企業日常的現金交易事項頻繁且金額龐大，徒增了現金處理錯誤的風險。
2. 因為現金是有價值的，可攜帶的，誰擁有它便具有「所有權」，使得現金成為易被盜竊的高危險物。為了減少此項風險，現金的內部控制至關重要。

一、現金內部控制的基本原則

良好的現金內部控制系統，應予以提供適切的程序，以保護現金的收取以及現金的支付，這些內部控制程序必須符合以下三項基本準則：

1. 現金的保管與現金記錄，應分別由不同人員處理，也就是「管錢不管帳」，目的在於降低錯誤或舞弊的情況發生（除非互相勾結）。
2. 每日所收取的現金應立即存入銀行，目的在於減少現金被偷竊或被挪用的機會。
3. 現金的支付一律以「開立支票」的方式，也就是透過銀行支付的記錄，降低現金遭偷竊之風險。例外：小額零星日常支付，設立「零用金」(Petty Cash) 基金。

二、現金與約當現金

1.現金

現金 (Cash) 是指可立即作為債務的支付工具（貨幣性、通用性、自由支配性），在會計上是指廣義的現金，包含：

(1)鈔票、硬幣

(2)銀行存款

(3)支票存款 (Demand Deposit)

(4)儲蓄存款或定存單 (Time Deposit)

(5)顧客即期支票 (Cashier's Checks)

(6)銀行保付支票 (Certified Checks)

(7)銀行本票 (Promissory Notes)

(8)匯票 (Money Orders)

2.約當現金

約當現金 (Cash Equivalents) 是指企業為了運用閒置資金，投資於短期（90 天以下）、高流動性之短期有價証券，其同時具有以下兩特性：

(1)可立即轉換成現金，具流動性。

(2)接近到期日，故其市價不受利率波動之影響，例如：

◆三個月期以下之國庫券 (U.S. Treasury Obligations)

◆商業本票 (Commercial Paper) 或短期應付票據 (Short-term Corporate Notes)

◆貨幣市場基金 (Money Market Funds)

3.常被誤認為現金之項目

⑴郵票（預付費用；用品盤存）

⑵預支旅費（預付費用）

⑶借據、停業中銀行的存款（其他應收款）

⑷遠期支票（應收票據）

⑸指定用途的現金（長期投資）：Sinking Fund、補償性存款餘額 (Compensating Balance)，應另以「限制用途現金」單獨列示。

⑹存於他處的押金、保證金（存出保證金）

4.補償性存款餘額：非為「現金」

　　非現金。企業向銀行借款時，銀行常要求借款公司必須將借款的特定比例留存於該銀行的活期存款中（不得動用），稱為借款回存或補償性銀行存款餘額。而借款回存將使得借款的實質利率提高。這一類限制性現金餘額 (Restricted Cash Balance) 應視為短期投資，而非歸屬為現金。

5.銀行透支 (Overdraft)

　　對銀行存款帳戶支用的金額超過存款餘額，應列為流動負債。

1.同一銀行不同帳戶之存款餘額與透支可互相抵銷。

2.不同銀行之存款與透支則不可互相抵銷。

三、收取現金之內部控制 (Controls for Cash Receipts)

　　企業通常收取現金的方式有兩種：⑴銷貨時透過櫃檯收銀機 (Over the counter) 親自收取現金（一手交錢、一手交貨）；⑵當賒銷時，從遠端透過郵寄 (By mail) 方式，收取現金。

　　大多數企業透過收到鈔票、硬幣與支票等實體形式取得現金，或是透過信用卡、轉帳卡 (Debit Cards) 或簽帳卡、電子資金轉賬等等交易形式付款給企業。無論是以何種形式收取現金，收取現金的內部控制之主要目的在於確

保企業所有收到現金的金額均為正確、且予以適當的記錄並立即安全地存入銀行。

1.現金收入內部控制之目的

⑴管制進入以建立責任

只有指定人員才有權處理所收到的現金。

⑵劃分職責以獨立驗證

分別由不同人收取、記錄及保管現金。

⑶透過文件化程序，保留交易紀錄

運用匯款、收銀機、存款單保留現金交易的紀錄。

2.收取現金的方式

企業收取現金一般有兩種方式:

⑴自櫃檯收取

透過「櫃檯收銀機」(Over-the-counter) 親自收取現金，並記錄在「現金登記簿」(Cash Register)。收取現金時，為了適當地劃分職責，不同的職員應分配不同的責任，如圖 12-3 所示。例如: 出納員 (Cashiers) 在銷售時收取現金並開立收據或發票。督導員 (Supervisors) 在收銀員 (Custody) 完成每日收銀機交接後，立即將現金存入銀行。會計人員確認現金銷貨的收據已記錄在會計系統中。

區分這些職責的目的在於確保處理現金的出納員及督導員，並未參與會計人員的紀錄。若缺乏職責的劃分，員工可能會竊取現金後，利用竄改會計紀錄的方式來掩飾其偷竊的行為。因此,收取現金的重要內部控制原則應為:「管錢不管帳」。

圖 12-3 的步驟 1～3 指出，出納員運用現金收銀機與銷售時點情報系

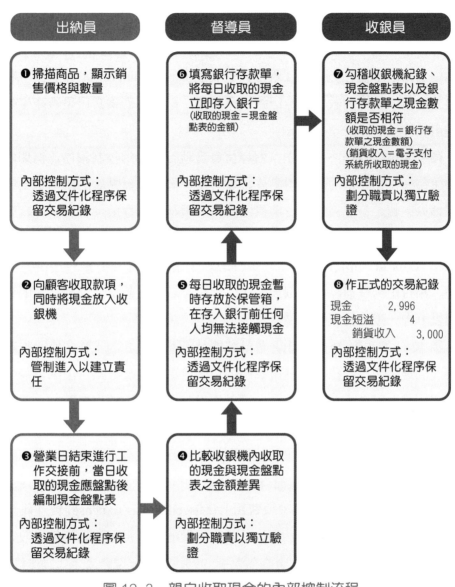

圖 12-3　親自收取現金的內部控制流程

統，執行以下三項重要的內部控制功能：

◆將每一批銷售商品的金額文件化：透過現金收銀機，可以避免產生超收的爭議或錯誤。

◆限制接觸現金：透過現金收銀機，可以降低現金產生損失或被竊取的風險。

◆將現金銷貨收入總金額文件化：透過現金收銀機，可以提供出納員應

收取且應立即存入銀行的現金之獨立紀錄。

　　當營業日結束，出納員進行工作交接前，出納員針對當日全數收取的現金，應完成現金盤點並編製「現金盤點表」(Cash Count Sheet)，隨後可將現金盤點單與收銀機的收取現金紀錄相互勾稽，以瞭解營業當日是否產生現金的溢出或短缺。

　　圖 12–3 的步驟 4～6 指出，督導員負責執行重要的控制程序，例如：獨立驗證每一位出納員的現金盤點表，並將每一份現金盤點表的副本送到會計部門據以入帳。督導員也負責將盤點完畢的現金暫時存放於保管箱，直到現金被存入銀行前，督導員有保管現金之責任。當現金被存入銀行時，同時在存款單 (Deposit Slip) 上列出存入銀行的現金金額並提交給銀行出納員盤點驗證。銀行出納員盤點並收取現金後，會在存款單上蓋章並交回公司的會計部門做為存入現金的入帳依據。

　　圖 12–3 的步驟 7～8 指出，會計部門執行兩項重要的工作，比對勾稽收銀機內的現金銷貨紀錄、出納員編制的現金盤點單以及經銀行出納員蓋章的存款單。以上三者相互勾稽比對，可以提供銷售時收取的現金與存入銀行帳戶內的現金之獨立驗證。根據上述的資訊，會計部分得以根據收銀機收到的現金記錄「銷貨收入」的增加，並根據存入銀行的現金，記錄「現金」的增加。兩者若存在差異金額，則記為「現金短溢」(Cash Shortage and Overage)，該項目屬於綜合損益表的「雜項費用」(Miscellaneous Expense) 或「雜項收入」(Miscellaneous Revenue)。例如：若出納員的收銀機紀錄顯示銷貨收入為 $3,000，但實際存入銀行的現金金額為 $2,996，則表示現金產生短缺 $4 的情況；反之，則為現金溢出的現象。

　　以下分成三種狀況，說明會計部門應作的分錄。

A. 收銀機內的盤點現金（現金登記簿的現金數額）與存入銀行現金帳戶的現金數額一致：

12 月 3 日　現金 ⋯⋯⋯⋯⋯⋯⋯⋯⋯⋯⋯⋯⋯⋯⋯⋯⋯　3,000

　　　　　　　銷貨收入 ⋯⋯⋯⋯⋯⋯⋯⋯⋯⋯⋯⋯⋯⋯⋯　　　3,000

　　　　（會計人員記錄銷貨並同時收取現金）

B. 收銀機內的盤點現金與存入銀行現金帳戶的現金數額不一致：將產生
　小額的現金短溢項目

◆若收銀機內的盤點現金 $3,003 > 存入銀行現金帳戶的現金數額 $3,000，產
　生「現金溢出」，為雜項收入

12 月 31 日	現金	3,003	
	銷貨收入		3,000
	現金短溢		3
	（會計人員記錄銷貨並同時收取現金，但實		
	際盤點的現金超過帳列現金）		

　　「現金短溢」項目若為貸方餘額，則歸屬於綜合損益表內的「雜項收
入」。

◆若收銀機內的盤點現金 $2,996 < 存入銀行現金帳戶的現金數額 $3,000，產
　生「現金短缺」，為雜項費用

12 月 31 日	現金	2,996	
	現金短溢	4	
	銷貨收入		3,000
	（會計人員記錄銷貨並同時收取現金，但實		
	際盤點的現金低於帳列現金）		

　　「現金短溢」項目若為借方餘額，則歸屬於綜合損益表內的「雜項費
用」。

⑵遠端收取現金

A. 郵寄

　　當顧客償還賒欠的帳款時，企業通常會收到顧客寄來的支票 (Checks)，
由於此款項並非以鈔票與硬幣的形式收取，出納員無須在收銀機進行收款的
程序，而是透過郵務員 (Mail Clerk) 開啟郵件後收到支票。因此，圖 12–3 的
步驟 1～5 的功能便由郵務員所取代。

一般透過郵寄方式，收取現金的內部控制流程如下：

如同銷售時點情報系統的收銀機之作業，郵務員會列出所有收取現金金額的明細、顧客姓名以及匯款通知單上面所註記的付款目的。此外。另指派一位職員負責監督開啟郵件的郵務員，以確認該名開信郵務員並未拿到顧客還來的現金。同時，監督員及開信郵務員必須在現金明細表上簽名，作為驗證與監督的證明。最後，為了確保不會有人將支票占為己用，監督員必須在每一張支票蓋上「僅用於存款」之字樣，用來提醒銀行必須將支票款項存入公司的戶頭，而不得被兌換成現金。

茲彙整上述透過郵寄方式，收取現金的內部控制原則如下：

◆信件應由兩人共同開啟，並應加以列表記錄，收到的每一張支票皆應簽名。

◆每一信件應由職員加以列表記錄，以建立文件的責任。

◆信件表單之影本，應連同支票送到出納部門。

◆信件表單之影本，應送到會計部門入帳，支票亦應保留影本。

當以上的步驟皆完成後，收取現金者應與記錄現金者分別由不同人員擔任。也就是支票與匯票應交由負責銀行存款的人員，而現金收入清單與匯款通知單則應由交由會計部門的人員作分錄。再者，如同圖 12-3 的步驟 7 的功能，會計部門進一步比較勾稽現金收據清單 (cash receipts list) 以及從銀行帶回的存款單的金額是否吻合，以獨立驗證所有透過郵寄收到的支票確實皆已全數存入銀行帳戶了。最後，會計部門再根據現金收據清單按照不同的顧客，作借記「現金」、貸記「應收帳款」的分錄。

B. 透過電子化系統

顧客有時會透過電子資金轉帳 (Electronic Funds Transfer, EFT)，償還賒欠的帳款，例如：顧客將其個人帳戶的款項透過 EFT 轉到公司的銀行帳戶。多數的企業為加速收款的速度，往往鼓勵顧客運用 EFT 付款。企業一般收到郵寄來的支票之等待期間約為五至七日，但透過電子資金轉帳則可立即收到款項。再者，透過 EFT 乃直接將款項存入公司的銀行戶頭，省略了內部控制的需求。因此，當公司確認顧客已透過 EFT 將款項轉入公司的銀行戶頭時，則會計部門便可以按照不同的顧客，作借記「現金」、貸記「應收帳款」的分錄。

四、支付現金之內部控制 (Controls for Cash Payments)

現金支出內部控制之主要目的，在於確保企業的所有支付均經適當的授權。

1.支付現金的內部控制形式

企業大多數的現金支出，係支用於：

⑴透過應付憑單制度開立支票，以支付賒購款項

企業通常以賒購方式採購商品或勞務，事後再以開立支票或透過電子資金轉帳償還供應商的貨款。大多數的公司透過應付憑單制度 (Voucher System) 開立支票，以建立下列的採購流程（圖 12–4）之內部控制。

A. 商品的採購流程

對於買賣業者而言，當庫存存貨低於安全存量時，通常由倉庫發出「請購單」需求，交由採購部門進行商品的採購。

採購部門便按照請購單上的商品規格與數量，開立「採購單」並向供應商提出採購的需求。

當供應商將所採購的商品運送到公司時，供應商將商品連同發票、報價單、送貨單交由公司的驗收部門進行商品盤點，待驗收部門驗收無誤，在送貨單上簽收且留下副本後，驗收部門開立「驗收單」，連同「發票」、「報價單」，一併交由會計部門入帳。

會計部門根據所收到的「驗收單」與「發票」開立應付憑單，經會計主管授權核准後，將應付憑單交由出納部門，出納部門便根據經核准付款的應付憑單開立支票並寄給供應商，以支付所採購的貨款。

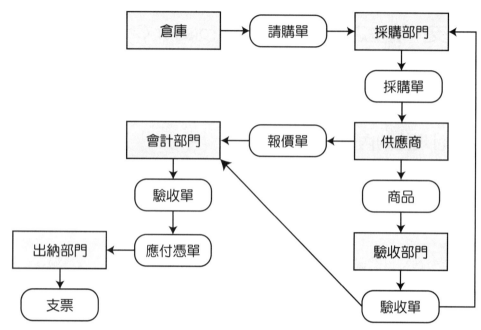

圖 12-4　商品的採購流程

B. 應付憑單制度

　　應付憑單制度為核准與文件化所有因賒購而產生的採購與付款之程序。「憑單」(Voucher) 是各項預備支出的授權文件，必須經過個人授權或批示，以確保為了所有因支付而開立的支票均為適宜的，並確保付款的安全性。

　　因此，若以支票支付，業已經適當的授權，通常支付現金的內部控制較為有效。

C. 會計處理

◆開立應付憑單

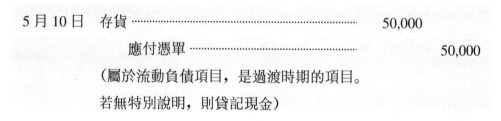

5 月 10 日　存貨 50,000

　　　　　　應付憑單 50,000

　　　　　　（屬於流動負債項目，是過渡時期的項目。

　　　　　　若無特別說明，則貸記現金）

◆開立即期支票，支付現金

5月31日	應付憑單 ·······················	50,000	
	現金 ·······························		50,000
	（開立支票支付款項）		

⑵電子資金轉帳

大多數的企業通常透過電子資金轉帳支付薪資給員工，也就是「直接入帳」(Direct Deposit)。

當公司採用電子資金轉帳系統支付員工薪資時，通常會授權銀行每月定期將薪水直接從公司的銀行帳戶轉帳至每位員工的銀行帳戶。對於公司而言，此方式可省略對每位職員一一開立支票、發放以及驗證檢查誰可拿到支票之程序，因而具有便利與有效性。但有一個風險是，在轉帳的金額方面，銀行可能會不小心多付或少付了。因此，公司仍需確認轉帳金額確實正確，再授權銀行由公司的銀行帳戶轉帳給予員工。

為降低銀行轉錯金額的失誤風險，許多公司支付員工薪資時採用「定額備用金制度」(Imprest System)，也就是進行帳戶轉帳時，限制支付他人的總金額上限。

運用「備用金薪資管理系統」(Imprest Payroll System)，公司可以在特定的支付薪資日期指示銀行，由公司的銀行帳戶將擬支付給員工的淨薪資總額，轉帳至為付薪資而設立的一個特別薪資帳戶。接著銀行便由此項特別設立的薪資帳戶分別轉入個別員工的薪資帳戶。如果轉帳金額完全正確，當完成所有員工的薪資轉帳後，此項特別的薪資帳戶的餘額應等於零。反之，若此項特別的薪資帳戶為透支或仍然有餘額，則公司便瞭解轉帳金額可能發生了錯誤。

⑶設立零用金制度

為了避免一一開立支票而徒增時間與成本的浪費，公司通常設立零用金 (Petty Cash Fund) 制度，用於支付企業員工在平時營業上所產生的小額且零星的花費，例如：員工交通費、郵資、辦公用品、運費、郵票等。

如同上述的備用金薪資管理系統 (Imprest Payroll System)，零用金的設置目的在於提撥有限的金額，用以支付平時的特定花費。兩者的差異是，零用金制度並非由銀行轉帳至某人帳戶，而是由公司在銀行的一般賬戶提領出定額的現金，並鎖在公司的保管箱內，由零用金保管員負責保管，以供日常營業用的零星花費。由於該位零用金保管員可以直接接觸零用金，故應該受到監督以及不定期的審計查核。

⑷透過銀行控制現金

銀行提供個人與企業一些相當重要的服務，例如：銀行接受個人與企業的存款、代為付款給他人，並提供這些交易的證明。因此，銀行所提供的服務有助於企業在下列事項有效地進行現金的管控：

A. 透過銀行，提供控制現金的功能

由於銀行提供一個安全的場所供企業存放現金，企業只需將小部分的現金放在公司內部運用，將手上的現金數量最小化，因而降低了企業的現金被竊取或錯置的風險。

B. 程序文件化

當企業運用支票或電子資金轉帳系統支付款項時，銀行為企業的交易事項提供一個便利且文件化的服務。

C. 建立銀行交易的雙重記錄，以進行獨立的驗證

公司的會計人員得以運用銀行提供的報表進行再驗證，以進一步比較公司與銀行紀錄的差異性，確認公司紀錄的正確性並揭露應調整的事項。

12–4 零用金制度

企業設置零用金專戶的目的在於提撥一筆定額的預備金，以提供營業上日常的現金支出需求，支應許多小額零星的花費。例如：員工交通費、郵資、辦公用品、運費、郵票等。

因此，零用金包含在廣義的「現金」餘額中，當設置、改變數額或中止零用金時，零用金的餘額才會產生變動。

以下說明零用金制度的會計處理原則。

一、小額零星支付：設置零用金專戶

1.公司由銀行領出現金，設置零用金專戶

1月1日　零用金	5,000	
現金		5,000

（設立零用金專戶）

2.平時產生小額零星的支出

平時從保管箱拿出零用金，支付日常的小額零星的支出，不必作分錄。

1/1～1/31，平時不必作分錄。

3.期末撥補零用金

由於平時未作分錄，故期末撥補 (Replenishment) 零用金時必須補作分錄。

1月31日　郵費	1,000	
文具用品費用	1,500	
運費	1,800	
現金短溢	50	
現金		4,350

（零用金撥補）

二、追加零用金

當期末來不及撥補時，再由銀行領出現金，以增加零用金。

1 月 31 日	零用金	5,000	
	現金		5,000
	(增加零用金專戶)		

三、減少零用金

若減少零用金的基金金額，則將零用金存回至銀行。

1 月 31 日	現金	1,000	
	零用金		1,000
	(減少零用金專戶)		

12–5 編制銀行往來調節表

由於各項的因素，通常銀行每月所提供的銀行對帳單 (Bank Statement) 以及公司的現金總分類帳上顯示的現金餘額，兩者往往並不相同。為了找出差異的原因，使得財務狀況表與現金流量表皆能適當地揭露公司的現金餘額，故透過編制「銀行往來調節表」(Bank Reconciliation)，以比較公司帳上的現金餘額以及銀行對帳單顯示的現金餘額之差異，進而調整差異之處，以瞭解期末正確的現金餘額。

一、銀行對帳單

通常銀行每月會提供銀行對帳單 (Bank Statement)，使公司瞭解過去一個月以來，公司在銀行的存款、領款及現金的增減變化情況。當銀行對帳單顯示的現金餘額與公司的現金總分類帳上顯示的現金餘額，兩者不一致時，為了找出差異的原因，公司通常於每月月底編制銀行往來調節表 (Bank Reconciliation)，找出差異原因並定期調整兩方的差異，瞭解正確的現金餘額。值得注意的是，基於職責劃分的原則，負責編製銀行往來調節表的職員不應該同時負責收取現金、保管現金、處理支票或記錄現金的員工。

今日拜網路銀行交易便利之賜，大多數企業均可透過網路銀行功能，隨

時透過網路查詢該公司的現金交易明細與現金的增減變動情況。

銀行對帳單主要站在銀行的立場，記錄公司在銀行開立的現金存款帳戶之變動情況。

當公司的銀行存款增加時，如：存入現金、委託銀行託收票據已收到現金、利息收入，則銀行會將增加的現金記在貸方，表示公司在銀行的現金存款已增加。這是因為站在銀行的立場，當公司存入銀行的現金時便為銀行的負債，因為銀行必須隨時準備應付公司的提領或退還現金的要求。當公司的銀行存款增加時，表示銀行的負債增加，故應記在銀行對帳單的貸方。這時候銀行會發出貸項通知單 (Credits Memo) 給公司，提醒公司其銀行存款增加。

反之，當公司的銀行存款減少時，如：開立支票支付款項、銀行代扣手續費、託收票據的發票人因存款不足 (Not Sufficient Fund, NSF) 而產生跳票時，則銀行會將減少的現金記在借方，表示公司在銀行的現金存款已減少。這是因為站在銀行的立場，當公司的銀行存款減少時，表示銀行的負債減少，故應記在銀行對帳單的借方。這時候銀行會發出借項通知單 (Debits Memo) 給公司，提醒公司其銀行存款減少。

二、編制銀行往來調節表之目的

公司透過編制銀行往來調節表，在於找出銀行每月所提供的銀行對帳單以及公司的現金總分類帳上顯示的現金餘額，兩者之差異處，並可達到以下之目的：

1. 解釋由銀行所提供的銀行對帳單以及公司的現金總分類帳上顯示的現金餘額，兩者發生差異的原因。
2. 揭露造成銀行對帳單或公司現金分類帳產生錯誤記錄或其他問題之因素。
3. 提供期末正確的現金餘額。
4. 提供調整分錄的資訊。

三、差異的原因

公司編制銀行往來調節表，在於找出銀行每月所提供的銀行對帳單以及公司的現金總分類帳上顯示的現金餘額，兩者產生差異的原因。通常產生差

異的因素往往是公司有記錄，而銀行未記；或是銀行有記錄，而公司未記的情況。透過編制銀行往來調節表，可以驗證銀行與公司兩方的現金餘額之正確性，進而解釋兩方的差異原因，最後將兩方的現金餘額調整到一致的目標。

導致銀行對帳單的現金餘額與公司帳上現金餘額產生差異之因素，可歸納為兩類：「未達帳」以及「錯誤事項」。

1.未達帳

由於時間的差異 (Time Lags)，因而造成一方已入帳，但一方因不知情而未入帳的情況。這時候，未入帳的一方便應加以調整並且補入帳。未達帳的情況通常有以下 6 種：

⑴在途存款

在途存款 (Deposits in Transit) 是公司（存款人）已存入銀行帳戶並已記錄現金增加，但銀行尚未記錄在銀行對帳單的存款。例如：若公司在銀行結束營業後才將現金送存銀行，由於銀行已完成當天的結帳作業，銀行來不及在當天立即記錄存款的增加，必須等到第二天營業後才會入帳；或者公司在期末利用郵寄匯款，銀行可能在結帳前尚未收到郵寄的匯款。這些情況都有可能因為時間上的差異，而產生公司已記錄現金增加，而銀行尚未入帳的在途存款。

期末若發現有在途存款的情況，由於公司的現金分類帳上已記錄公司現金的增加，則應由銀行加以調整，銀行應增加公司在銀行帳戶的現金餘額。

⑵未兌現支票

未兌現支票 (Outstanding Checks) 是由公司（發票人）開立且送交領款人，同時已在公司帳上記錄現金減少。然而，由於領款人尚未向銀行提示付款，故銀行尚未實際兌付。因此，該項支票並未列示於銀行對帳單上。

期末若發現有未兌現支票的情況，由於公司的現金分類帳上已記錄公司現金的減少，則應由銀行加以調整，亦即銀行應減少公司在銀行帳戶的現金餘額。

⑶託收票據、代收款項及利息

　　銀行有時會代替公司收取票據，或代公司收取由電子資金移轉過來的款項。通常銀行會將代收票據或代收款項扣除銀行提供服務的手續費後，將代收款項的淨額直接貸記公司的銀行帳戶，以增加現金帳戶的餘額。同時寄給公司貸項通知單 (Credits Memo)，通知公司該筆托收款項業已收取。公司必須等到收到貸項通知單後，才會正式記錄收取現金的分錄。公司往往必須等到編製銀行往來調節表且發現差異時，才會正式記錄收取現金的分錄。

　　此外，銀行每半年定期結算存款帳戶的利息給予存戶應得的利息收益時，也會主動將利息收入直接記錄在銀行對帳單的貸方，以增加公司的現金帳戶的餘額。

　　期末若發現有銀行託收票據、代收款項及利息收益的情況，由於銀行對帳單上已記錄公司現金的增加，則應由公司加以調整，亦即公司應增加其現金分類帳上的現金餘額。

⑷存款不足支票

　　當公司收到他人交來的即期支票時，通常會以現金收入處理並立即存入銀行，銀行往往在收到即期支票時會先貸記公司的存款帳戶。然而，當對方帳戶因存款不足支付支票的票面金額而發生無法兌現的情況時，此種支票便稱為存款不足支票 (Not Sufficient Funds, NSF)，實務上一般俗稱為「跳票」。

　　由於銀行在收到即期支票當時已先貸記公司的存款帳戶，當發生支票無法兌現時，銀行實際上並未收到款項，便會再借記支票金額以減少公司的存款帳戶餘額。

　　期末若發現有存款不足支票的情況，由於銀行已於對帳單上記錄公司現金的減少，則應由公司加以調整，亦即公司應減少其現金分類帳上的現金餘額。

⑸銀行手續費

　　銀行代為處理未兌現支票會對公司酌收服務的手續費，因而便從公司存

款帳戶自動扣減手續費，亦即借記手續費金額以減少公司的存款帳戶餘額，並寄出借項通知單以知會公司。此外，銀行也會因代為印製存戶的新支票、管理維護存款帳戶等等服務，而由公司的現金存款帳戶自動扣減手續費，這些費用通常會直接列於銀行對帳單上並以借項通知單通知存戶。鑒於公司往往在期末收到銀行對帳單及借項通知單後才知悉，因此在編製銀行往來調節表時應加以入帳。

期末若發現有銀行手續費的情況，由於銀行已於對帳單上記錄公司現金的減少，則應由公司加以調整，亦即公司應減少其現金分類帳上的現金餘額。

⑹電子資金轉帳

當公司在銀行的現金帳戶因透過網路交易形式而轉入或轉出一筆金額時，由於公司平時不知情，往往須等到期末收到銀行寄來的對帳單後，才能由對帳單上顯示的現金增加或減少而發現。雖然此種狀況不常發生，但若發生了，由於銀行對帳單上已記錄了公司現金的增加或減少，則應由公司加以調整，亦即公司應加以調整其現金分類帳上的現金餘額。

2.錯誤事項

無論銀行或公司都有可能發生錯誤的情況。

銀行的錯誤通常要等到編製銀行往來調節表時才會被公司發現，此時，公司必須通知銀行予以更正。

另一方面，公司也有可能在編製銀行調節表時才發現本身帳簿的記錄錯誤，則公司也應該在編製銀行調節表後立即於帳上做更正分錄。

四、編制銀行往來調節表

1.調節的原則

編製銀行往來調節表時，必須注意以下事項：

⑴首先應對照本期的銀行對帳單與公司現金帳戶各項存款交易，找出兩方的差異部分，進而分析究竟是哪一方未加以記錄或產生錯誤，最後再將雙方

沒有記錄或錯誤的明細列出來。

⑵檢視銀行對帳單所有記錄在貸方的交易，可能包括：銀行託收票據、代收款項、前期錯誤更正或尚未入帳的利息收入，進而確認公司現金帳戶是否均已入帳。若公司未入帳，公司應加以註記並進行調整。

⑶核對銀行對帳單與公司現金帳戶內所有已兌現支票的記錄，針對每一筆的支票支出，均需一一確認銀行確實已將該支票金額以及收取的手續費記在對帳單的借方。若有差異，應予以列示出來。若本期有未兌現支票，則公司應通知銀行加以註記並進行調整。

⑷確認上一期的銀行往來調節表當中列示的未兌現支票，本期是否已經兌現。若在本期仍未兌現，則需列示明細再請出納人員再追蹤以瞭解領款人是否已收到支票。

⑸檢視銀行對帳單所有的借方交易，可能包括：存款不足支票、代為印製支票的手續費、每月服務的手續費等，進而確認公司現金帳戶是否均已入帳。最後，再列出公司帳上所有未記錄的明細。若公司未入帳，公司應加以註記並進行調整。

　　上述事項完成後，公司可以開始編製銀行往來調節表。

2.編制步驟

　　根據上述原則，編製銀行往來調節表時可遵循以下的步驟：

⑴確認來自銀行對帳單的期末現金餘額。

⑵確認並列出銀行尚未記錄所有的存款交易以及少記現金存款的錯誤，將上述項目的金額加至銀行對帳單的期末現金餘額。

⑶確認並列出銀行未兌現支票以及多記現金支出的錯誤，將上述項目讀金額從銀行對帳單的期末現金餘額中扣減。

⑷將來自銀行對帳單的期末現金餘額加上⑵項的金額，並減去⑶項的金額後，得出調整後的銀行對帳單之正確現金餘額。

⑸確認來自公司現金帳戶的期末餘額。

⑹確認並列出公司所有尚未記錄的銀行寄來的貸項通知單與利息收入等交易，以及現金帳戶少計的錯誤金額，將上述項目的金額加至公司的現金帳

戶期末餘額。

⑺確認並列出公司所有尚未記錄的銀行寄來的借項通知單與手續費等交易，以及現金帳戶多計的錯誤金額，將上述項目的金額由公司的現金帳戶期末餘額中扣減。

⑻將來自公司現金帳戶的期末餘額加上⑹項的金額，並減去⑺項的金額後，得出調整後的公司現金帳戶之期末正確餘額。

⑼比較由步驟⑷與⑻經調整後的期末現金餘額，若公司與銀行兩方均相等，表示已成功完成調整。反之，調整後，若兩方的調整後現金餘額不一致，表示內部控制的問題就顯露出來了，則必須重新確認雙方是否有所遺漏並再進行調整，直到兩方的調整後現金餘額均達到一致的目標為止。

茲匯整上述步驟如下：

◆以銀行對帳單之期末現金餘額開始

> 增加：在途存貨
> 扣除：未兌現支票
> 適當增加或扣除：銀行錯誤
> = 產生調整後正確的現金餘額

◆以公司現金帳戶之餘額開始

> 增加：經由銀行增加現金（已兌現之託收票據），但公司未入帳
> 扣除：銀行手續費及存款不足退票
> 適當增加或扣除：公司帳上的錯誤
> = 產生調整後正確的現金餘額

3.匯整銀行往來調節表之差異原因

公司帳列的現金餘額 $119,863	銀行對帳單的現金餘額 $80,000
未達帳：因時間因素，無任何憑證，因此公司平時並未入帳。	未達帳：因時間因素，銀行尚來不及增加或扣減公司的現金帳戶金額。

+ 銀行託收票據兌現（付息票據）（$20,000 × 10% × 1/12 = $167)	$ 20,167	+ 在途存款	$10,000
− 存款不足支票	($100,000)	− 未兌現支票	($50,000)
− 銀行手續費	($30)		
調整後的正確現金餘額	**$ 40,000**	**調整後的正確現金餘額**	**$40,000**

五、公司應作的調整分錄

　　若屬於公司帳上的現金餘額部分應作的調整事項，則公司必須在日記帳上作調整分錄，並過帳到與調整分錄相關的分類帳項目，以更新現金帳戶的餘額。

1. 若調節項目應增加現金帳戶餘額，則調整分錄必須借記現金。
2. 若調節項目應減少現金帳戶餘額，則調整分錄必須貸記現金。

　　匯整公司必須在日記帳上更正的分錄如下：

	原始分錄	期末更正分錄
託收票據	3/15 應收票據　　20,000 　　銷貨收入　　　　　20,000	4/30 現金　　　　　　　　20,167 　　應收票據　　　　　20,000 　　利息收入　　　　　　167
存款不足支票	4/1 現金　　　　100,000 　　銷貨收入　　　　100,000	4/30 應收帳款：趙大同　100,000 　　現金　　　　　　　100,000
銀行代扣手續費	（未作分錄）	4/30 手續費　　　　　　　30 　　現金　　　　　　　　30

3. 視原始錯誤的狀況，加以更正至正確的金額。例如：1 月 11 日支付 $980 的廣告費用，付現當日的分錄如下：

1 月 11 日　廣告費 ································· 890

　　　　　　現金 ································· 890

　　　　（支付廣告費用）

更正分錄：

1 月 31 日　廣告費 ································· 90

　　　　　　現金 ································· 90

　　　　（支付廣告費用之錯誤更正）

六、銀行往來調節表之釋例

1. 編制銀行往來調節表

　　精美設計公司為了編製 2016 年 7 月份的銀行往來調節表, 蒐集了以下的資訊:

⑴由銀行寄來的對帳單顯示, 2016 年 7 月份的現金餘額為 \$4,100。

⑵公司現金帳戶上的餘額為 \$2,809.16。

⑶公司在 7 月 31 日存入銀行 \$290, 存款時已超過銀行當天的營業時間, 故銀行在 7 月 31 日時尚未記錄。

⑷檢核已兌現支票的明細發現, 編號 248 的支票 \$300 以及編號 252 的支票 \$400 均尚未兌現。

⑸比對 7 月份的銀行對帳單後發現, 本月份銀行因在 7 月 22 日收到電子資金轉帳的存款而發出貸項通知單 (票面金額 \$1,000, 銀行已扣減手續費 \$30), 以增加銀行帳戶的餘額, 公司尚未記錄。

⑹核對 7 月份的銀行對帳單後發現, 本月份銀行因帳戶產生利息收入因而貸記 \$16.84 以增加存款帳戶餘額, 並發出貸項通知單。公司因未事先獲知, 故此筆交易尚未入帳。

⑺本月份在銀行對帳單上借記的項目還包括: 銀行代為印發新支票, 收取 \$46 的印製費; 7 月 15 日從客戶張先生那所收取存入的支票因存款不足

(NSF) 而被退票，票面金額為 $40 及其相關手續費 $20。

表 12-1 為精美設計公司於 2016 年 7 月 31 日依照上述資料所編製的銀行往來調節表，旁邊圈起來的數字代表上述編製的九項步驟之代號。

表 12-1　精美設計公司 2016 年 7 月份的銀行往來調節表

精美設計公司

銀行往來調節表

2016 年 7 月 31 日

①銀行對帳單 　現金餘額		$4,100.00	⑤公司現金帳戶 　餘額		$2,809.16
②加：			⑥加：		
7/31 在途存 款		290.00	EFT$1,000， 扣除手續費 $30	$970.00	
小計		$4,390.00	利息收入	16.84	986.84
③減：			小計		$3,796.00
未兌現支票			⑦減：		
248 號	$300.00		印製支票費用	$ 46.00	
252 號	400.00	700.00	存款不足支票 及相關手續費	60.00	106.00
④調整後銀行 　現金餘額		**$3,690.00**	⑧調整後現金帳 　戶餘額		**$3,690.00**

⑨調整後銀行現金餘額及公司現金帳戶餘額必須相一致

2.調整分錄

銀行往來調節表分別列示銀行與公司現金帳戶紀錄的錯誤，以及公司尚

未入帳的交易事項。在精美設計公司於 2016 年 7 月 31 日編制的銀行往來調節表中顯示，7 月 31 日經調整後的正確現金餘額應為 $3,690。由於調整前公司帳上的現金餘額僅有 $2,809.16，因此，必須透過調整分錄將帳上現金餘額調整至正確的餘額。值得注意的是，僅針對公司應調整的事項作調整分錄。核閱過表 12–1 後發現，精美設計公司應有四個調整分錄應予入帳。

⑴代收支票

　　第一個分錄是記錄銀行透過電子資金轉帳，代精美設計公司收取應收帳款 $1,000，並自動扣減託收票據之手續費 $30。

7 月 31 日	現金	970	
	手續費	30	
	應收票據		1,000
	（記錄銀行託收應收票據之收現，並記錄銀行		
	代扣的手續費用）		

⑵利息收入

　　第二個分錄是記錄精美設計公司在銀行的存款帳戶所賺取的利息收益 $16.84。

7 月 31 日	現金	16.84	
	利息收入		16.84
	（記錄銀行帳戶所賺取的利息收益）		

⑶印製支票

　　第三個分錄是記錄銀行代精美設計公司印製新支票所收取的印製費用 $46。

7月31日　雜項支出 ⋯⋯⋯⋯⋯⋯⋯⋯⋯⋯⋯⋯⋯⋯⋯⋯　46

　　　　　現金 ⋯⋯⋯⋯⋯⋯⋯⋯⋯⋯⋯⋯⋯⋯⋯⋯⋯⋯　　　46

　　　　（印製新支票的費用）

⑷張先生存款不足支票

　　最後一個分錄是記錄客戶張先生的存款不足支票 $40，以及銀行自動扣減的手續費 $20，代表公司必須將退票金額及相關手續費向張先生索取。

7月31日　應收帳款——張先生 ⋯⋯⋯⋯⋯⋯⋯⋯⋯⋯⋯　60

　　　　　現金 ⋯⋯⋯⋯⋯⋯⋯⋯⋯⋯⋯⋯⋯⋯⋯⋯⋯⋯　　　60

　　　　（記錄向張先生收取的支票 $40，因存款不足無法

　　　　兌現，銀行對跳票服務再加收的 $20 的手續費）

　　此項調整分錄意味著公司打算將處理存款不足支票產生的手續費一併向客戶張先生催討，也就是借記張先生的應收帳款 $60 以收取原有支票金額帳款 $40 及手續費 $20。

　　當上述四個調整分錄均入帳後，公司現金帳戶的帳面餘額便是調整後的正確餘額 $3,690，亦即 $2,809.16 + $970 + $16.84 − $46 − $60 = $3,690。

練習題

一、選擇題

1. 甲公司 4 月 30 日銀行對帳單上的存款餘額為 $100,000，4 月 30 日在途存款為 $20,000，未兌現支票為 $60,000，包括 $10,000 保付支票。4 月 14 日銀行誤將兌付他公司的支票 $2,000 記入甲公司帳戶，銀行未曾發現此項錯誤。4 月份銀行代收票據 $8,000，並扣除代收手續費 $30。甲公司 4 月 30 日的正確存款餘額為：
   (A) $72,000
   (B) $78,770
   (C) $82,000
   (D) $88,770 　　　　　　　　　　　　　　　　　105 年普考

2. 甲公司帳上銀行帳戶七月份存入金額為 $250,000，銀行對帳單列示代收甲公司股款 $80,000（甲公司未記）。六月底在途存款餘額為 $120,000，而七月底在途存款餘額為 $150,000。試問：銀行對帳單上七月份存入金額為多少？
   (A) $100,000
   (B) $180,000
   (C) $220,000
   (D) $300,000 　　　　　　　　　　　　　　　　105 年高考

3. 若公司採用零用金制度，則下列敘述何者正確？
   (A) 僅在設置及補足零用金時，貸記零用金
   (B) 設置零用金及使用零用金時，均會借記零用金
   (C) 設置零用金及每次補足零用金時，均會借記零用金
   (D) 設置零用金及提高零用金額度時，均會借記零用金 　　　105 年初等

4. 丙公司收到 6 月 30 日銀行對帳單餘額為 $650,000，與公司銀行存款帳載資料做比對，發現有下列差異：在途存款 $120,000、未兌現支票 $87,000、銀行手續費 $9,000、公司開立支票面額 $3,500，帳上誤記為 $5,300。試問丙公司銀行存款未調整前帳載餘額為多少？

(A) $624,200

(B) $675,800

(C) $690,200

(D) $693,800　　　　　　　　　　　　　　　　　　104 年稅務特考

5. 甲公司 7 月份銀行調節表中，銀行部分包含在途存款 $3,200、未兌現支票 $5,700。8 月份甲公司帳載銀行存款支出部分為 $69,720，銀行對帳單中銀行存款支出部分則為 $65,600。若 8 月份銀行並無借項及貸項通知單，試問 8 月份銀行調節表中銀行部分的未兌現支票應為多少？

(A) $4,120

(B) $7,320

(C) $9,820

(D) $13,020　　　　　　　　　　　　　　　　　　104 年稅務特考

6. 丙公司 X4 年 5 月 31 日帳載銀行存款餘額為 $72,000，與銀行對帳單之餘額不符。經核對後發現公司開立 No:436 支票金額 $1,450，公司帳上誤記為 $1,540，未兌現支票 $8,100，銀行存款利息 $210 尚未入帳，在途存款 $6,500。5 月 31 日銀行對帳單之餘額為多少？

(A) $70,100

(B) $70,700

(C) $73,720

(D) $73,900　　　　　　　　　　　　　　　　　　104 年普考

7. 甲公司對小額支出採零用金支付，已知零用金額度為 $3,000。X1 年底，未入帳之各項支出憑證總和為 $1,600，保管箱之零用金剩下 $1,350。下列何者正確？

(A)若年底不撥補，則應借記現金短溢 $50

(B)若年底不撥補，則暫時不用作會計分錄

(C)若年底撥補，則應貸記零用金 $1,650

(D)若年底撥補，則應貸記現金短溢 $50　　　　　　　　104 年普考

8. A 公司 6 月底銀行對帳單餘額 $576,000，6 月底在途存款 $22,500，未兌現支票 $50,000 將於 7 月中兌現。銀行紀錄顯示：該公司 7 月份存入金額

$202,000, 支出為 $240,900, 7 月份在途存款 $32,500, 未兌現支票 $80,000。請問 A 公司 7 月底銀行存款餘額應為:

(A) $489,600

(B) $509,600

(C) $528,500

(D) $548,500

104 年高考

9. 丁公司月底編製銀行調節表,其相關資料如下:公司帳銀行存款餘額為 $12,300, 銀行對帳單之餘額為 $11,880, 銀行代收票據已收現 $1,800, 銀 行手續費 $60, 在途存款 $5,640 尚未入帳,此外,尚有未兌現支票。則未 兌現支票之金額應為:

(A) $2,700

(B) $2,760

(C) $3,480

(D) $7,200

104 年鐵路特考

10. 甲公司 12 月存入銀行 $30,000, 其中含 12 月底的在途存款 $8,000。次月初 銀行對帳單顯示甲公司 12 月共存入 $29,000, 其中包含月底銀行代收票據 $5,000, 尚未通知甲公司。試問甲公司 11 月底的在途存款若干?

(A) $1,000

(B) $2,000

(C) $6,000

(D) $7,000

104 年身心障礙

二、問答題

1. 王小麗利用課餘時間在美式漢堡店得來速工作,協助顧客在得來速車道完 成點餐的服務,但偶爾會將收自顧客的款項據為己有,而並未在收銀機上 記錄這一項交易的收款金額。試問:

(1)這家美式漢堡店所存在的內部控制問題為何?

(2)討論這家美式漢堡店應該如何改善,才能防止這一類的員工竊盜行為?

2. 快捷民營郵局的櫃檯承辦人員每日營業結束時會將當天所有的匯款業務所 收到的匯款金額以及匯款通知單均交給出納人員,再由出納人員將所收到

的現金存入銀行，出納員同時會轉交匯款通知單與銀行存款單的副本給會計部門加以入帳。試問：

⑴快捷民營郵局在處理現金收據的環節中，所存在的內部控制問題為何？

⑵你將建議快捷民營郵局如何改善上述內部控制的缺點？

3.晶碟公司主要經營電腦零組件的外銷貿易業務,根據該公司 2016 年中的內部稽核調查發現：公司雖然有充足的銀行存款餘額，然而，由於無法及時支付貨款導致喪失一大筆原本可獲得的現金折扣金額；此外，另發現公司曾發生一筆購貨單重複被支付了兩次的情況。試問：

⑴你將建議晶碟公司應如何規劃其購貨貨款支付流程，以爭取並取得原可獲得的現金折扣?

⑵你將建議晶碟公司應如何減少重複支付購貨貨款的過失情況？

4.洋洋公司於 2016 年 12 月份實際由現金銷貨所收到的現金收入為 $4,356,910，但記錄於收銀機的發票收據總額卻為 $4,362,795。試做分錄以記錄洋洋公司的發票收據與現金銷貨之間的差異情況。

5.晶彩實業公司於 2017 年 1 月份記錄於收銀機的發票收據總額為 $448,620，但實際由現金銷貨所收到的現金收入卻為 $449,170。試做分錄以記錄晶彩實業公司的發票收據與現金銷貨之間的差異情況。

6.捷訊公司於 2016 年 7 月 1 日設置 $4,000 的零用金基金，該月底零用金保管員交給會計人員關於 7 月份的零用金使用資訊如下：

旅遊費用	$793
客戶商業午餐	935
快遞郵資	550
辦公用品費用	325

已知零用金保管員於 2016 年 7 月 31 日實地盤點的零用金餘額為 $1,378。試問：

⑴捷訊公司需要再撥補多少現金至零用金基金？

⑵試作日記帳分錄，以記錄撥補零用金的分錄。

7.試完成下列的交易事項之日記帳分錄：

⑴知訊公司於 2017 年 1 月 1 日開立支票 #3910，以設立零用金基金 $20,000。

⑵知訊公司的零用金保管員於 2017 年 1 月 31 日盤點零用金基金中的現金餘額為 $5,813。因此，會計部門根據下列零用金收據摘要開立支票 #4183 以撥補零用金基金：用品費用 $7,580、交通費用 $2,702、郵電費用 $2,406、修繕費用 $1,369。

8. 試確認以下項目應於銀行往來調節表之調整方式：A. 銀行對帳單的現金餘額之加項。B. 銀行對帳單的現金餘額之減項。C. 公司帳上現金項目的加項。D. 公司帳上現金項目的減項。(提示：所有記錄在銀行對帳單中的借項通知單與貸項通知之交易事項，公司帳上均未記錄。)

⑴本月份的未兌現支票 $84,295.2

⑵本月份的在途存款 $240,000

⑶銀行於本月份代收票據 $192,000

⑷銀行將公司存入的即期支票，金額為 $2,136 誤記成 $2,352

⑸公司開立支票至銀行領取現金 $4,800，但帳上卻誤記為 $48,000

⑹因為顧客張大立先生的存款不足 $37,200,因此張大立先生的支票被銀行退回給公司

⑺本月份銀行代扣服務費，金額計 $600

9. 下列為飛馳公司編制 2017 年 7 月份的銀行往來調節表之相關資訊：

(a)飛馳公司於 2017 年 7 月 31 日帳上的現金餘額為 $409,450

(b)銀行對帳單上顯示 2017 年 7 月 31 日的現金餘額為 $165,948

(c)公司於 2017 年 7 月份的未兌現支票，金額計為 $61,258

(d)公司於 2017 年 7 月份的在途存款，金額計為 $325,460

(e)公司開立支票 $12,960 購買商品，但作分錄時卻被記錄為 $34,560

(f)銀行借項通知單顯示，本月份銀行代扣了服務費 $900

試問：

⑴編制飛馳公司 2017 年 7 月份的銀行往來調節表。

⑵飛馳公司於 2017 年 7 月份應做的調整分錄。

10. 宏遠科技公司新聘一位初出校門的會計人員，以下為該名新人所編製的

2017 年 4 月份的銀行往來調節表：

宏遠科技公司
銀行往來調節表
2017 年 4 月 30 日

公司帳上的現金餘額		$ 484,836.00
加：未兌現支票	$362,741.76	
購買商品開立支票 #1621, 金額 　　應為 $ 12,840,　誤記為 $30,120	17,280.00	
銀行託收票據(含利息 $24,000)	144,000.00	524,021.76
		$1,008,857.76
減：4 月 30 日的在途存款	295,200.00	
銀行代扣服務費	756.00	295,956.00
銀行對帳單的現金餘額		$ 712,901.76

⑴根據上列的資訊，為宏遠科技公司編製 2017 年 4 月 30 日正確的銀行往來調節表。

⑵宏遠科技公司於 2017 年 4 月 30 日帳上正確的現金項目之金額應為多少？

⑶宏遠科技公司於 2017 年 4 月份應做的調整分錄。

11.下列為新陽公司錯誤的銀行往來調節表，試為該公司編制 2017 年 6 月 30 日正確的銀行往來調節表。

新陽公司
銀行往來調節表
2017 年 6 月份

銀行對帳單現金餘額		$234,426.24
加：未兌現支票		
#721	$ 13,102.80	
#739	4,146.00	

#743	11,030.40	
#744	14,436.00	42,715.20
		$277,141.44

減：6 月 30 日的在途存款 　　　　　　　　　　　48,241.44

調整後餘額 　　　　　　　　　　　　　　　　　　$252,900.00

公司帳上的現金餘額 　　　　　　　　　　　　　　$104,726.88

加：銀行託收票據

本金	$120,000.00	
利息	18,000.00	$138,000.00
銀行代扣服務費	480.00	138,480.00
		$243,206.88

減：存款不足之退票 　　　　　　　　$ 15,254.40

將 6 月 10 日的存款 $89,232
誤記為 $76,272 　　　　　　　　　　12,960.00　　28,214.40

調整後餘額 　　　　　　　　　　　　　　　　　　$214,992.48

12.試根據下列資料，編製民生公司 2017 年 12 月 31 日銀行往來調節表，並作必要之補正分錄。

⑴11 月 30 日公司帳簿中，現金餘額為 $6,834.25。

⑵12 月份帳列現金收入為 $25,120.10。

⑶12 月份帳列現金支出為 $19,861.60。

⑷12 月 31 日收入之現金 $2,231.75，公司已入帳，但未及存入銀行。

⑸銀行對帳單所列 12 月 31 日存款餘額為 $13,293.40。

⑹銀行寄來之借項通知單，扣收當月服務費 $4.25，公司尚未入帳。

⑺銀行寄來之貸項通知單，託收之無息票據 $2,525.00 收到後，已記入公司帳戶，公司尚未入帳。

⑻12 月 15 日開出之 #603 支票金額為 $463.90，銀行已付訖，公司帳上誤

記為 $436.90，該一支票係用於購買文具用品。

⑼已開出支票中，月底銀行尚未支付者有 #811、$478.40，#814、$356.00 及 #823、$204.25 三筆。

⑽銀行對帳單列有 NSF 支票 $100，係客戶償還帳款之支票，公司尚未記載。

13. 威格公司於 2017 年 6 月 1 日建立零用金制度，6 月份所發生的交易如下：

1 日　開出支票，由銀行存款中提出現金 $10,000 作為零用金。

15 日　開出支票 $9,523 撥補零用金，報銷項目如下：

進貨運費	$1,485
郵電費	2,000
修繕費	1,250
用品費用	1,940
交通費	$2,848
	$9,523

30 日　開出支票撥補零用金，並將零用金定額增為 $12,000，報銷之項目如下：

進貨運費	$2,620
銷貨運費	900
郵電費	1,900
用品費用	2,780
交通費	1,300
	$9,500

試將上列交易作成分錄。

14. 2017 年 11 月 30 日西安公司之銀行往來調節表中列有銀行尚未入帳存款 $3,500，未兌現支票兩張（#403、$1,260，#506、$2,140）。12 月份有關資料如下：

銀行對帳單

客戶名稱：西安公司			2017 年 12 月 1 日至 31 日	
日期	支票金額		存入	餘額
11–30				$91,200
12–1			$3,500	94,700
12–2	$2,140		2,900	95,460
12–5	4,600	1,200	5,100	94,760
12–8	2,500		3,700	95,960
12–13	1,400		4,500	99,060
12–17	2,560		1,300	97,800
12–19	1,350	1,300 NSF		95,150
12–25	4,160		4,800	95,790
12–30	50　SC		2,600	98,340

註：NSF——存款不足支票　　SC——手續費

2017 年 12 月份存款及所開支票由現金收入簿及現金支出簿中摘錄如下：

	存款	所開支票	
12/ 1	$ 2,900	#507	$ 4,600
4	5,100	508	1,200
7	3,700	509	2,500
12	4,500	510	1,400
16	1,300	511	4,460
24	4,800	512	1,350
29	2,600	513	720
31	2,500	514	2,560
	$27,400	515	3,450

$$516 \qquad 1,280$$

$$\$23,520$$

該公司 12 月 31 日帳列銀行存款餘額為 $95,180,對帳單中 12 月 25 日兌現之支票 $4,160,公司會計員記帳時誤記為 $4,460,該支票係為支付進貨而開出,NSF 支票係甲客戶償還其欠款所繳來之支票。

⑴試編製 2017 年 12 月 31 日之銀行往來調節表。

⑵試作必要之調整分錄。

15. 凱利公司與其往來銀行相關資料如下:

⑴公司於 217 年 9 月初現金餘額 $12,183.89。

⑵9 月份現金收入 $34,226.19,現金支出 $39,683.51。

⑶9 月底銀行對帳單餘額 $5,917.48。

⑷存款不足支票:$165.73。

⑸未兌現支票:$22.88、$82.79、$51.84、$84.52、$3.61 及 $21.83。

⑹銀行誤扣 $140.97。

⑺在途存款:$1,575.23。

⑻公司會計人員將收到之支票 $901.80,誤記為 $90.18 入帳。

⑼銀行扣手續費 $6.25。

試編製 2017 年 9 月底之銀行調節表。

16. 某商行 5 月 17 日建立零用金基金,定額 $250。31 日發現下列支出必須補充:

| 郵電費 | $28.12 | 用品費用 | $36.03 |
| 旅費 | 20.64 | 誤餐費 | 44.16 |

該日零用金尚餘 $120,試作必要分錄。

第十三章

應收款項

前 言

在臺灣，眾所周知在專業積體電路製造服務業的創始者與領導者，非台積電 (TSMC) 公司莫屬。台積電公司的全球總部位於新竹科學園區，在北美、歐洲、日本、中國大陸、南韓、印度等地均設有子公司或辦事處，提供全球客戶即時的業務和技術服務。台積電公司為約 470 個客戶提供服務，生產超過 8,900 種不同產品，被廣泛地運用在電腦產品、通訊產品與消費性電子產品等多樣應用領域。此外，也透過與 Value Chain Aggregator 的夥伴合作，提供額外的支援及服務。因此，台積電公司擁有來自全球的客戶與消費者。

當台積電公司將產品銷售給客戶時，若為賒銷的交易，則公司將面臨向客戶收取賒欠帳款的挑戰。不可避免地，某些客戶可能因價格或產品本身瑕疵、損壞或不符購買的規格等因素而拒絕付款，或是客戶已陷入財務困境而無力償還貨款。因此，對於台積電公司的管理階層及投資者而言，應先未雨綢繆評估應收帳款可能收不回來的可能性及金額，同時也是公司的會計人員必須負責的重要議題。

對於學習者而言，學習本章後可瞭解如何評價應收帳款與應收票據之會計處理方法，以及評估發生壞帳的可能性及其在應收款項評價所產生的影響效果，更有助於進一步分析與解釋財務報表。

學習架構

■ 分析公司展延客戶信用的利弊。

■ 應收款項之定義與內容。

■ 說明應收帳款的會計處理以及壞帳的估計與其影響。

■ 介紹應收票據的會計處理以及衡量應收票據的利息。

13-1 分析公司展延客戶信用的優缺點

　　當一般公司的管理階層面臨是否展延客戶賒帳期間時（如：應收帳款），或以簽訂契約方式放款給予其他客戶時（如：應收票據），應考慮哪些因素？

　　一般公司的管理階層通常針對企業客戶 (Business Customers) 各別設立其購買商品的賒帳帳戶 (Account on Credit)，如：應收帳款。但是，通常不會為每一位個人消費者 (Individual Consumer) 設立此種賒帳帳戶。一般公司針對企業客戶設置賒帳帳戶，將為公司帶來一些優缺點。其中最大的優點為：有助於企業客戶購買商品或勞務，因而提升公司的銷貨收入。然而卻衍生以下額外成本之缺點：

一、增加薪資成本

　　若企業客戶提出展延還款期限時，則公司必須聘用專職人員進行下列工作，徒增公司的人事成本之負擔。

1. 評估企業客戶的信用條件，是否值得公司給予客戶展延還款期限。
2. 追蹤每位企業客戶賒欠的金額。
3. 追蹤每位企業客戶是否如期還款。

二、增加壞帳的成本

　　不可避免地，某些客戶會對其所賒欠的款項提出異議，或因遭遇財務困境，而僅償還其賒帳帳戶餘額的一小部分。其中收不回來的部分，則為公司展延客戶信用的重要之額外成本，稱為「壞帳」(Bad Debts)。

三、延遲收到現金

　　即使客戶有誠意償還全數的賒帳餘額，通常公司須等待 30 至 60 天，才能如願收到現金。在此期間中，公司可能不得不透過銀行短期貸款來支付公司的其他營業活動之資金需求。此種短期貸款產生的利息費用，則為公司展延客戶信用的另一項額外成本。

　　多數情況下，一般公司為企業客戶設置賒帳帳戶所帶來的額外營業收入，

將超過上述的額外成本。因此，目前在實務上，一般公司為企業客戶設置賒帳帳戶是一種相當普遍的現象。同樣地，一般公司是否為企業客戶設立應收票據的賒帳帳戶，也需要考量其優缺點。

應收票據是一項透過簽訂「票據」(note) 的正式書面憑證，同時明訂公司將獲取被積欠款項的條款。應收票據與應收帳款之差異在於，應收票據通常由發票日至到期日期間會計算利息。因此，應收票據較應收帳款被視為具有更強的法律請求權。由於每一筆交易必須開立一張新的票據，因此，公司通常並不常開立票據。通常只有在發生大筆營業額（例如：銷售高級汽車）、提供客戶還款期限之展延、或是放款給企業或個人時，才會開立應收票據。

13-2 應收款項

一、應收款項在財務報表之表達方式

按照其流動性排列，應收款項通常列示於財務狀況表的短期投資項目下方。由於應收票據較應收帳款的還款日期明確且有既定的還款期限，應收票據列示於應收帳款的上方（如表 13-1）。

表 13-1　歡樂休閒旅遊公司 2016 年之部分財務狀況表

歡樂休閒旅遊公司 部分財務狀況表 2016 年 12 月 31 日	
流動資產	
現金	$　580,000
短期投資	320,000
應收票據	**645,000**
應收帳款	**816,500**
存貨	246,500
預付費用	72,000
流動資產總額	$2,680,000

二、應收款項之定義

應收款項為企業對顧客的貨幣、商品、勞務或非現金資產之請求權。

1.因主要營業活動而產生

因出售商品或提供勞務產生的顧客賒帳,稱為「營業應收款」(Trade Receivable)。再根據是否收到正式的書面憑證,分為應收帳款與應收票據。

⑴無正式債權憑證

稱為「應收帳款」(Accounts Receivable),以銷售發票 (Sales Invoice) 作為入帳依據。

⑵有正式債權憑證

稱為「應收票據」(Notes Receivable),以本票 (Promissory Note) 作為入帳依據。

應收票據是一項透過簽訂「票據」(Note) 的正式書面憑證,明訂公司將獲取被積欠款項的條款。

應收票據與應收帳款之差異在於,應收票據通常在發票日至到期日期間會計算利息,應收票據較應收帳款被視為具有更強的法律請求權。由於每一筆交易必須開立一張新的票據,因此,公司並不常開立票據。通常只有在發生大筆營業額(例如:銷售高級汽車)、提供客戶還款期限之展延,或是放款給企業或個人時,才會開立應收票據。

2.非因主要營業活動產生

稱為「非營業應收款」(Nontrade Receivable),包括以下項目:
⑴應收租金 (Rent Receivable):應收房客的房租。
⑵應收利息 (Interest Receivable):應收發票人的利息收入。
⑶應收退稅款 (Tax Refund Receivable):應收政府機構的退稅款。
⑷應收關係人款:應收關係人的款項。

(5)其他應收款 (Other Receivable)：非屬營業活動的其他應收款項。例如：應收員工款項、應收分期付款票據、應收財務款項、應收出售資產款項等等。

在此章節中，我們只討論應收帳款與應收票據的會計處理。

3.應收帳款的會計處理問題

(1)應收帳款的認列時點

產生應收帳款取得時，金額之認定與衡量 (Recognition and Measurement)。

(2)應收帳款的期末評價 (Valuation)

應收帳款期末應按「淨變現價值」(Net Realizable Value) 評價，故應估計「壞帳」(Bad Debts)。

(3)應收帳款的處分

不同處分方式之會計處理問題。

13-3 應收帳款與壞帳的會計處理

應收帳款主要來自於銷售商品或提供勞務等正常營業活動，產生的應收而未收顧客貨款，主要的會計處理問題重點為：

1.應收帳款在期末應按淨變現價值評價。
2.為使賒銷期間的銷貨收入與壞帳成本於同一會計期間相互配合，故期末應估計壞帳費用。

以上兩項目標，均會減少公司賒銷期間的應收帳款以及本期淨利，茲詳述如後。

一、應收帳款之認列時點

企業在正常營運過程中，當商品的「所有權」已轉移或勞務已提供給顧客，而顧客提出延遲付款的請求時，則公司應按「已扣除商業折扣 (Trade

Discount) 之毛額」予以認列應收帳款或應收票據；亦即公司應於收入已賺取的時點入帳。

1. 傳統的賒銷情況

通常企業提供顧客的賒銷期間約為 30 至 60 天左右，超過 60 天則往往視為過期 (Past Due) 的現象，該顧客的信用已不佳。

以下說明極品食品公司於 2016 年 2 月 1 日賒銷一批商品 $10,000 給顧客美味公司。並於同年 2 月 10 日收到另一位顧客精品公司償還部分貨款 $5,000。極品食品公司相關的會計處理如下：

2016 年

2 月 1 日　應收帳款──美味公司 ⋯⋯⋯⋯⋯⋯⋯⋯⋯⋯⋯　10,000

　　　　　　　銷貨收入 ⋯⋯⋯⋯⋯⋯⋯⋯⋯⋯⋯⋯⋯⋯⋯　　　　10,000

　　　　　（賒銷商品給美味公司）

收到精品公司償還部分貨款 $5,000：

2016 年

2 月 10 日　現金 ⋯⋯⋯⋯⋯⋯⋯⋯⋯⋯⋯⋯⋯⋯⋯⋯⋯⋯　5,000

　　　　　　　應收帳款──精品公司 ⋯⋯⋯⋯⋯⋯⋯⋯⋯　　　　5,000

　　　　　（收到精品公司償還部分賒銷的貨款）

總分類帳

應收帳款　　　　　　　　　　第 106 頁

日期			摘要	借方金額	貸方金額	借或貸	餘額
年	月	日					
2016	1	1		70,000		借	70,000
	2	1	賒銷美味公司	**10,000**		借	80,000
	2	10			**5,000**	借	75,000

應收帳款明細分類帳

子目：美味公司

日期			摘要	借方	貸方	借或貸	餘額
年	月	日					
2016	1	1	賒銷美味公司	20,000		借	20,000
	2	1		**10,000**		借	30,000

應收帳款明細分類帳

子目：精品公司

日期			摘要	借方	貸方	借或貸	餘額
年	月	日					
2016	1	1		50,000		借	50,000
	2	10	精品公司償還部分貨款		**5,000**	借	45,000

　　值得注意的是，當某項應收帳款明細分類帳產生貸方餘額時，則該項目應歸屬為「流動負債」，不得與其他應收帳款明細分類帳項目之借方餘額相抵銷。

2.以信用卡賒銷

⑴情況一

發卡銀行扣除手續費後，馬上付現金給予銷貨的公司，此情況實務上較少見。

例如：極品食品公司於 2016 年 2 月 10 日（賒銷日及簽帳日）賒銷一批商品 $10,000 給予顧客張先生，顧客以信用卡賒帳。發卡銀行扣除手續費 $500 後，立即支付現金給予極品食品公司。

```
2016 年
2 月 10 日   現金 ……………………………………………   9,500
             信用卡費用 ……………………………………     500
                銷貨收入 …………………………………………        10,000
             （以信用卡賒銷，並給予顧客張先生賒帳）
```

⑵情況二

待顧客還款後，發卡銀行始付現金給予企業，實務上大多採用此方式。

例如：極品食品公司於 2016 年 2 月 10 日（賒銷日及簽帳日）賒銷一批商品 $10,000 給予顧客張先生，顧客以信用卡賒帳。3 月 1 日，發卡銀行始支付現金給予極品食品公司（扣除手續費 $500）。

◆賒銷日及簽帳日

```
2016 年
2 月 10 日   應收帳款──信用卡公司 ……………………   10,000
                銷貨收入 …………………………………………        10,000
             （以信用卡賒銷，並給予顧客張先生賒帳）
```

◆發卡銀行付款日

```
2016 年
3 月 1 日    現金 ································································  9,700
            信用卡費用 ····················································  300
                應收帳款——信用卡公司 ························  10,000
            (收到發卡銀行的現金)
```

3.現金折扣

　　現金折扣 (Cash Discount) 又稱為銷貨折扣，企業提供顧客於某一特定期限內，為鼓勵顧客提早還款，所提供提早還款的折扣，屬於銷貨收入之減項，以期能達到下列之目的：

⑴提升企業的銷貨收入。

⑵鼓勵顧客提早還款，以便早日取得現金作其他調度運用。

⑶增加應收帳款收現之可能性。

　　一般的賒銷條件 (Sales Terms)：2/10, n/30，表示若於賒購日起的 10 天之內（包含第 10 日）償還賒欠款項，可取享受 2% 的現金折扣（銷貨折扣）；超過 10 天則無法享受現金折扣，且最遲必須於第 30 日償還賒欠的貨款。

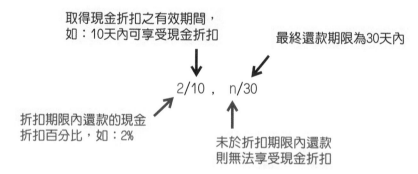

　　現金折扣的利率相當高，如圖 13-1 所示，現金折扣 2/10，n/30 為例，年利率便高達 37.24%。意味著買方應積極主動爭取在現金折扣期限內償還賒欠的貨款，以便賺取年利率高達 37.24% 的利息收入。

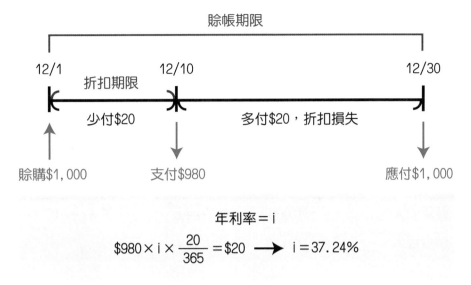

圖 13-1　現金折扣的年利率

二、期末評價及財務報表之表達：估計壞帳費用

1. 應收帳款期末評價原則

應收帳款應按「原始交易價格」入帳，並扣除一些調整項目：如現金折扣 (Cash Discount) 亦即（銷貨折扣）以及壞帳評價。因此，期末應以淨變現價值，即應收帳款預期得以收現的金額予以評價。

2. 當顧客違約時之會計處理：實際發生壞帳

⑴直接沖銷法

直接沖銷法係於應收帳款確定無法收回時才認列壞帳，並直接沖銷應收帳款。

由於當確定應收帳款無法收回時才認列壞帳的年度，不一定與賺取銷貨收入的年度為相同期間，如表 13-2 所示。民生公司的銷貨收入發生於 2016 年度，但是，卻於 2017 年發生壞帳時才認列，使得壞帳費用認列的年度與產

生銷貨收入的年度不一致，違反了配合原則 (Matching Principle)。因為未將壞帳費用與銷貨收入記載在同一年度，使得產生銷貨收入年度的本期淨利以及實際發生壞帳年度的本期淨利，皆產生扭曲的現象。

表 13-2　認列壞帳費用違反配合原則，對於當期淨利的影響效果

	2016 年度 （產生賒銷）		2017 年度 （發生壞帳）	
銷貨收入	$20,000	銷貨收入	$	0
銷貨成本	16,000	銷貨成本		0
壞帳費用	0	壞帳費用		2,000
本期淨利	$ 4,000	本期淨利		$(2,000)

　　由於任一會計年度之賒銷所產生的應收帳款，必有部分須延至以後期間方可收現，或至以後期間方確定不能收現，故使用直接沖銷法有數項缺點：

◆若壞帳發生的期間不同於銷貨收入認列之期間，將使得收入與費用無法於同一會計期間認列，因而扭曲了損益之報導。（**違反配合原則**）

◆延後認列壞帳，將高估了應收價款的價值。（**高估淨變現價值**）

◆管理當局將可透過壞帳認列時點之選擇而操縱損益。（**有窗飾之嫌**）

　　由於年底未提列壞帳費用，違反配合原則。因此，直接沖銷法並不符合一般公認會計原則 (GAAP)。只有在企業以現銷為主，應收帳款金額低，採該法不影響財務報表公允表達之情況下，方可使用。

　　例如：2017 年 4 月 1 日的賒銷次年度，始發現顧客王先生的賒欠貨款已無法收回，則於發現壞帳時才確認已違約。

2017 年

4 月 1 日　壞帳費用 ⋯⋯⋯⋯⋯⋯⋯⋯⋯⋯⋯⋯⋯⋯⋯　2,000

　　　　　　應收帳款——王先生 ⋯⋯⋯⋯⋯⋯⋯⋯⋯⋯　　　　2,000

　　　　　（確認王先生的賒欠貨款，已無法收回）

A. 情況一

2017 年 10 月 1 日發現壞帳沖銷當年度，顧客旋即還款，則應將先前已沖銷的壞帳回收，亦即恢復顧客的信用，再作收到現金的紀錄。

◆ 恢復顧客的信用：

2017 年

10 月 1 日　應收帳款——王先生 ……………………………… 2,000

　　　　　　　壞帳費用 ………………………………………… 2,000

　　　　　　（恢復王先生的信用）

◆ 收到顧客交還的現金：

2017 年

10 月 1 日　現金 ……………………………………………… 2,000

　　　　　　　應收帳款——王先生 …………………………… 2,000

　　　　　　（收到王先生所賒欠的現金）

B. 情況二

2018 年 2 月 1 日，即壞帳沖銷的次年度，顧客始還款，則應將先前已沖銷的壞帳回收，恢復顧客的信用，再作收到現金的紀錄。

◆ 恢復顧客的信用：

2018 年

2 月 1 日　應收帳款——王先生 …………………………… 2,000

　　　　　　壞帳恢復 ………………………………………… 2,000

　　　　　（恢復王先生的信用）

壞帳恢復 (Bad Debts Recovery) 屬於綜合損益表中的「其他收入」類。

◆收到顧客交還的現金：

2018 年

2 月 1 日　現金 ……………………………………………………… 2,000

　　　　　　應收帳款——王先生 ………………………………… 2,000

　　　　　　（收到王先生的賒欠現金）

　　鑑於直接沖銷法不符合一般公認會計原則 (GAAP)，則壞帳費用應與銷貨收入在同一會計期間內認列。因此，實有必要在期末時估計很有可能發生的壞帳費用。此種作法稱為「備抵法」(Allowance Method)，包含以下兩步驟：

A. 期末必須進行調整分錄，以於產生賒銷的期間同時記錄估計的壞帳。

B. 當確定某位顧客的賒帳帳戶再也收不回來了，則應予以沖銷該顧客的應收帳款餘額。

⑵備抵法：壞帳之提列，符合一般公認會計原則

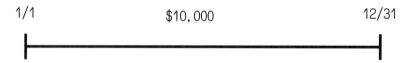

◆已知第一年度的賒銷收入為：$10,000

◆則賒銷帳款收不回來的壞帳，應於何時認列？

　　配合原則 (Matching Principle)：為了賺取收入所付出的代價（成本、費用）只要已發生的項目，無論是否付現，均應與其收入列記在同一個會計年度內。換言之，配合原則即是將收入與費用記在同一個會計年度。例如：長青公司於 2014～2016 年度，每年度認列的壞帳費用係與各年度的賒銷收入相互配合。

	2014 年	2015 年	2016 年	合計
賒銷銷貨收入	$1,000,000	$500,000	$500,000	$2,000,000
壞帳費用	100,000	100,000	50,000	250,000

因此，長青公司於 2014～2016 年期間，過去（歷史性）實際平均壞帳率：（實際壞帳費用 / 賒銷收入）：(250,000/2,000,000) = 8%。

由於公司產生賒銷當時，會計紀錄為借記應收帳款，貸記銷貨收入。因此，當公司日後面臨客戶的賒帳可能收不回來時，通常在會計期間結束時，會透過調整分錄以估計應予沖銷的應收帳款與銷貨收入項目，亦即另立一項應收帳款與銷貨收入的扣抵項目 (Contra Account)，分別為「備抵壞帳」(Allowance for Doubtful Accounts) 以及「壞帳費用」(Bad Debt Expense)，以估計當年度的壞帳金額。

其中備抵壞帳為應收帳款的扣抵項目，會減少資產，屬於永久性項目 (Permanent Account)，故該項目的餘額會逐期地累計；而壞帳費用為收入的扣抵項目，會減少股東權益，屬於臨時性項目 (Temporary Account)，故該項目的餘額會在期末時被結清為零。因此，除了第一個營業年度外，備抵壞帳與壞帳費用的餘額應不會剛好相同。

備抵法主張，當壞帳很有可能發生且預期壞帳金額可合理估計時，則應認列「預計無法收回的壞帳」並減少「應收帳款淨額」。因此，在備抵法的基礎下，應於期末預估並提列「壞帳費用」。

A. 期末估計並提列壞帳費用

2016 年

12 月 31 日　壞帳費用 ……………………………………………………　9,000

　　　　　　　　備抵壞帳 ……………………………………………………　9,000

　　　　　　（提列當年度的壞帳）

上述分錄的借方項目：壞帳費用（10,000×10% 壞帳率）視情況而定。例如：今年度景氣不好，則可增加提列的金額。

若已知明明科技公司於 2016 年底估計並提列 $10,500 的壞帳，則該公司期末提列壞帳的調整分錄對於會計恆等式影響效果如表 13–3 所示。

表 13-3　期末估計並提列壞帳的影響效果

資產	=	負債	+	股東權益
備抵壞帳 + $10,500	=			壞帳費用 + $10,500
− $10,500	=			− $10,500

　　當壞帳的金額可以估計時，則期末應作的壞帳調整分錄如下：

2016 年

12 月 31 日　壞帳費用 ……………………………………………　10,500

　　　　　　　　備抵壞帳 …………………………………………　　　　10,500

　　　　　　（提列 2016 年度的壞帳費用）

　　表 13-4 分別列示產生賒銷以及期末提列估計的壞帳之分錄，由其中不同的顏色標示可凸顯出應收帳款與銷貨收入的減項項目，同時分別列示該項目於財務報表的表達方式。

表 13-4　賒銷與提列壞帳的分錄，及其於財務報表的表達

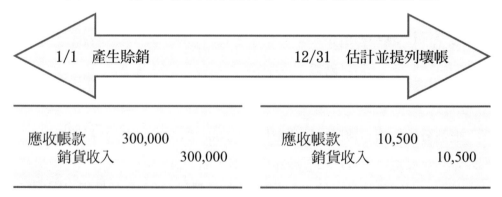

明明科技公司 部分財務狀況表 2016 年 12 月 31 日		明明科技公司 部分綜合損益表 2016 年度	
現金	$ 85,000	銷貨收入	$ 300,000
應收帳款	$ 300,000	銷貨成本	(180,000)
備抵壞帳	(10,500)	銷貨毛利	$ 120,000
應收帳款淨額	$289,500	營業費用	
存貨	145,500	薪資費用	90,000
其他流動資產	50,000	壞帳費用	10,500
		其他費用	1,500
流動資產總額	$570,000	營業淨利	$ 18,000

　　雖然為了開立發票或收款之目的，公司通常會為每一位顧客設置獨立的應收帳款明細分類帳戶 (Subsidiary Account)，所有的應收帳款明細分類帳戶的加總即為應收帳款總分類的餘額。然而，當期末估計並提列壞帳時，公司通常不會直接沖銷某一位顧客的應收帳款明細分類帳戶。理由是因為期末的備抵壞帳金額為預先估計，公司無法確定哪一位顧客即將發生壞帳。若公司直接沖銷某一位顧客的應收帳款明細分類帳戶，將混淆了個別顧客實際的賒欠款項餘額；若日後某位顧客實際上發生壞帳，則將無法正確辨識哪位顧客應再繼續催收。

B. 日後（次年度）實際發生壞帳（顧客違約），應將該顧客的應收帳款沖銷

　　當會計期間結束時，若發現某顧客的賒帳帳款有收不回來的可能性，則應將該顧客的應收帳款加以沖銷，同時也將相對應的備抵壞帳予以沖銷。公司將部分或全部顧客的賒帳帳款沖銷之目的，在於消除幾乎確定無法收回的帳戶。

　　例如：明明科技公司於 2017 年 2 月 15 日發現飛達公司的帳款 $2,500 已確定無法收回，故決定將該公司的應收帳款予以沖銷。明明科技公司於 2017

年沖銷應收帳款的分錄如下，該項沖銷帳款的分錄對於公司的資產、負債及股東權益並未產生影響，參見表 13–5 所示。

表 13–5　明明科技公司 2017 年沖銷應收帳款的影響效果

資產	=	負債	+	股東權益
應收帳款 − $2,500				
備抵壞帳 + $2,500				
0	=	0		

茲將明明科技公司 2016 年底壞帳的提列分錄以及 2017 年沖銷壞帳分錄之過帳情況彙整如下：

總分類帳

應收帳款　　　　　　　　　　　　　　　　　第 106 頁

日期			摘要	借方金額	貸方金額	借或貸	餘額
年	月	日					
2016	1	1	賒銷飛達公司	300,000		借	300,000
2017	2	15	壞帳沖銷		2,500	借	297,500

備抵壞帳　　　　　　　　　　　　　　　　　第 107 頁

日期			摘要	借方	貸方	借或貸	餘額
年	月	日					
2016	12	31	提列壞帳		10,500	貸	10,500
2017	2	15	壞帳沖銷	2,500		貸	8,000

壞帳費用						第 606 頁
日期			摘要	借方	借或貸	餘額
年	月	日				
2016	12	31	提列壞帳	10,500	借	10,500

　　上述因實際發生壞帳而沖銷帳款的分錄,不影響明明公司 2017 年的綜合損益表，也不影響 2017 年的財務狀況表。壞帳的沖銷分錄僅僅減少當年度的應收帳款與備抵壞帳項目，因此，沖銷後應收帳款的淨額仍然不變，仍為 $289,500 (= $297,500 – $8,000)。亦即壞帳的沖銷，並不會影響應收帳款減除備抵壞帳後，在財務狀況表的淨額，即應收帳款之淨變現價值。」

	沖銷前	沖銷後
應收帳款	$ 300,000	$297,500
– 備抵壞帳	(10,500)	(8,000)
= 淨變現價值	$ 289,500	$289,500

C. 已沖銷之帳款，日後又部份（或全部）還款

　　若已沖銷飛達公司的壞帳 $2,500，2017 年 10 月 1 日又收回現金 $2,000。

◆首先，應先恢復顧客之信用

2017 年

10 月 1 日　應收帳款——飛達公司 ································· 2,000

　　　　　　　備抵壞帳 ··· 2,000

　　　　　　（飛達公司償還部分的貨款，恢復其部分的信用）

◆收取現金之分錄

2017 年		
10 月 1 日　現金 ⋯⋯⋯⋯⋯⋯⋯⋯⋯⋯⋯⋯⋯⋯⋯⋯⋯	2,000	
應收帳款——飛達公司 ⋯⋯⋯⋯⋯⋯⋯⋯⋯		2,000
（收取飛達公司償還部分的貨款）		

三、壞帳金額之估計方法：備抵法

　　本章前面篇幅的重點主要說明壞帳分錄的紀錄，故直接假設公司於期末必須提列的壞帳金額。以下將進一步說明兩種壞帳金額的估計方法，估計壞帳金額的主要依據為：⑴當年度會計期間的賒銷百分比 (Percentage of Credit Sales)，或⑵應收帳款帳齡 (Aging of Accounts Receivable) 分析。以上兩種估計方法均為一般公認會計原則 (GAAP) 及國際財務報導準則 (IFRS) 所接受認可。一般實務上認為，賒銷百分比法應用起來比較簡單，而帳齡分析法運用更多的資料故較為精確。因此，有些公司每個月運用較簡單的賒銷百分比法估計壞帳金額，每季或每年再以較為精確的帳齡分析法修正估計。

　　以下分別說明賒銷百分比法與帳齡分析法的操作方式：

1.賒銷百分比法：綜合損益表觀點

⑴基於綜合損益表觀點的壞帳估計方法：又稱為賒銷百分比法

　　此法將當年度應提列的「壞帳費用」與綜合損益表上當年度的「銷貨收入」直接相對應，重點在於強調配合原則。

◆首先根據過去歷年來實際發生的壞帳損失 (Bad Debt Losses) 佔銷貨收入（通常以賒銷淨額為準）的平均百分比為基礎，並參考本年度的經濟環境與授信情形，估計壞帳費用佔賒銷淨額之壞帳率，該百分比適用於估計某一會計期間中當期賒銷淨額的壞帳費用。

　　例如：青青公司於 2014～2016 年度，每年度實際發生的壞帳損失與賒銷銷貨收入如下：

$$實際的平均壞帳率 = \frac{實際壞帳}{賒銷收入}$$

2014 年	2015 年	2016 年	合計
$500,000	$250,000	$250,000	$1,000,000
50,000	50,000	25,000	125,000

因此，青青公司於 2014～2016 年期間，過去實際平均壞帳率 = 實際壞帳費用 ÷ 賒銷收入 =125,000 ÷ 1,000,000 = 12.5%。

◆再以本年度的賒銷淨額乘以上述的平均壞帳率，即得本年度應提列的壞帳費用。

$$賒銷銷貨收入 \times 壞帳率 = 應提列的壞帳費用$$

例如：青青公司於 2017 年度的賒銷銷貨收入為 $200,000，則當年度應提列的壞帳費用為 $25,000。

$$\$200,000 \times 12.5\% = \$25,000$$

◆此法係由綜合損益表的觀點，根據過去經驗估計實際壞帳損失佔賒銷淨額的平均百分比，故強調配合原則。

◆賒銷百分比法著眼於「因今年度的賒銷收入，可能導致的壞帳損失之金額」。因此，在決定各年度應提列的壞帳金額時，無須考慮已提列的備抵壞帳帳戶餘額。就綜合損益表而言，促使壞帳費用與賒銷銷貨收入能作較佳的配合。

◆由於提列壞帳損失時並未考慮備抵壞帳原有的餘額，導致對以前年度可能的估計誤差無法及時自動更正。因此，此法就財務狀況表而言，卻不一定能精確地反映應收帳款的淨變現價值。

◆綜言之，運用銷貨百分比法估計壞帳損失時，應定期評估帳列備抵壞帳餘額之適當性。若發現重大偏離實際情況時，應依會計估計之變動加以處理。

相對而言，基於財務狀況表觀點的壞帳估計方法可能較能避免此種困擾。

(2)賒銷百分比法之釋例

根據過去的歷史資料，大方食品公司確認賒銷淨額的平均壞帳率為 2.5%。在 2016 年期間，該公司的綜合損益表顯示銷貨收入總計為 $2,000,000，其中 $200,000 為現金銷售。試問：大方食品公司在 2016 年底應估計並提列的壞帳費用為何？

2016 年度的銷貨收入	$2,000,000
2016 年度的現金銷售	(200,000)
2016 年度的賒銷銷貨收入	$1,800,000
×壞帳損失率	× 2.5%
2016 年度的壞帳費用	$ 45,000

此外，大方食品公司 2016 年 12 月 31 日應提列的壞帳費用如下：

2016 年

12 月 31 日	壞帳費用	┄┄┄┄┄┄┄┄┄┄┄	45,000	
	備抵壞帳	┄┄┄┄┄┄┄┄┄┄┄		45,000
	（期末提列當年度的壞帳）			

在財務狀況表中，「備抵壞帳」是應收帳款的抵銷科目，將會減少應收帳款的帳面價值 (Book Value, Carry Value)。

2.應收帳款帳齡分析法：基於財務狀況表觀點之壞帳估計方法，又稱為應收帳款百分比法

(1)帳齡分析法的觀念

賒銷百分比法的重點在於估計並提列當年度的壞帳費用，而應收帳款帳齡分析法則是估計期末應累計提列的「備抵壞帳」餘額，進而找出當年度應

提列的壞帳費用金額。顧名思義，應收帳款帳齡分析法的重點著重於每一項應收帳款的帳「齡」(Age) 期間，通常應收帳款賒帳愈久或已過期愈久者，收不回來的可能性愈高。基於此原理，通常信貸經理或會計主管會憑經驗以估計哪部分或特定的應收帳款可能無法收回現金。

由於應收帳款列於財務狀況表，屬於永久性帳戶（實帳戶），故應收帳款在期末不會被結清，會逐期累計。因此，應收帳款的扣抵帳戶—備抵壞帳也隸屬於永久性帳戶（實帳戶）。

⑵帳齡分析法的步驟

應收帳款帳齡分析法的重點則在於估計期末應累計提列的「備抵壞帳」(Allowance for Doubtful Accounts) 餘額，進而估計當年度應提列的壞帳費用金額。下列以先進科技公司為例，說明帳齡分析法的操作步驟如下：

⑴將期末應收帳款按已賒欠期間長短予以分組，以編制應收帳款的帳齡分析表（如表 13–5），並加總各組的賒帳金額。目前在實務上，已有許多會計套裝軟體在第一次紀錄應收帳款時，能自動加總賒欠的日期，並產生應收帳款的帳齡分析結果。

⑵每一組賒欠帳款給予不同的單一壞帳率，作為各組估計可能壞帳之基礎。通常賒欠帳款逾期的天數愈久，應收帳款發生壞帳的可能性愈高。因此，當逾期愈久者，給予愈高的估計壞帳率。

⑶期末應提列的備抵壞帳餘額 =∑（各組應收帳款總額 × 各組的壞帳率）

⑷本期應提列的壞帳費用 = 期末應提列的備抵壞帳餘額 ± 調整前備抵壞帳貸（借）餘。

表 13–5　明明科技公司 2017 年應收帳款的帳齡分析表

顧客	應收帳款小計	應收帳款的賒欠天數			
		0–30 天	31–60 天	61–90 天	90 天以上
生生食品公司	$ 14,000	$ 8,000	$ 4,000	$ 2,000	
優美服飾公司	460,000				$460,000
巔峰科技公司	3,980,000	2,312,000	856,000	738,000	74,000
長江企業公司	120,000	80,000	40,000		
應收帳款總額	$4,574,000	$2,400,000	$900,000	$740,000	$534,000
估計壞帳率		×1%	×10%	×20%	×40%
估計壞帳	$ 475,600	$ 24,000	$ 90,000	$148,000	$213,600

步驟(1) — 生生食品公司～長江企業公司
步驟(2) ➡ 估計壞帳率
步驟(3) ➡ 估計壞帳

⑶帳齡分析法的釋例

　　由表 13–5 的明明科技公司 2017 年應收帳款帳齡分析表顯示，明明科技公司截至 2017 年年底應累計提列的備抵壞帳餘額總計為 $475,600 的貸方餘額。因此，期末應收帳款總額 $4,574,000 減去備抵壞帳 $475,600 後，故應收帳款的帳面價值為 $4,098,400。

	調整後
應收帳款	$4,574,000
－ 備抵壞帳	(475,600)
＝ 淨變現價值	$4,098,400

　　假設明明科技公司在提列壞帳調整分錄前，備抵壞帳在過去年度已累計提列了 $310,000 的貸方餘額，則明明科技公司於 2017 年期末應再增加提列的壞帳費用為 $165,600，以使期末的備抵壞帳餘額達到應提列的 $475,600 的累計餘額。該公司應作的調整分錄如下：

2017 年

12 月 31 日　壞帳費用 ·· 165,600

　　　　　　　備抵壞帳 ·· 165,600

　　　　（提列當年度的壞帳費用）

資產	=	負債　+	股東權益
備抵壞帳 + $165,600	=		壞帳費用 + $165,600
− $165,600	=		− $165,600

備抵壞帳　　　　　　　　　　　　　　　　　　　　　　　第 107 頁

日期			摘要	借方金額	貸方金額	借或貸	餘額
年	月	日					
2017	1	1	壞帳餘額			貸	310,000
2017	12	31	壞帳提列		165,600	貸	475,600

壞帳費用　　　　　　　　　　　　　　　　　　　　　　　第 508 頁

日期			摘要	借方金額	貸方金額	借或貸	餘額
年	月	日					
2017	1	1	壞帳餘額			借	0
2017	12	31	壞帳提列	165,600		借	165,600

　　有鑒於「備抵壞帳」項目為應收帳款的扣抵項目，故備抵壞帳項目的正常餘額為貸方餘額。然而，期末調整前，備抵壞帳項目的餘額也有可能出現借方餘額的情況。

　　具體而言，當公司實際發生壞帳時，若沖銷備抵壞帳的金額超過所提列

的估計壞帳準備時，則有可能促使「備抵壞帳」項目產生借方餘額的結果。在此情況下，依據帳齡分析法的原則，仍然必須先計算出期末應累計提列的備抵壞帳項目之餘額，再加上調整前的備抵壞帳借方餘額後，得出本期應提列的壞帳費用金額。經由此項調整後，備抵壞帳項目將再恢復其貸方餘額之狀態。

13-4 應收票據的會計處理

一、應收票據之定義

由發票人 (Maker) 簽定，承諾將於未來某一特定時日，無條件支付特定金額給予受款人的正式書面憑證。若公司以本票形式簽發，以表彰得向其他個體收取款項的權利，則稱為應收票據。

應收票據具有下列的特性：

1. 無條件的書面承諾。
2. 由發票人（或借款人）製作與簽名。
3. 支付持票人或指定受款人。
4. 明確的金額。
5. 附加設定利率：通常在票據的票面上會設定一個年利率，即票面利率，此種票據稱為附息票據 (Interest Bearing Note)；若沒有設定利率，則會有一個設算利率，則稱為不附息票據 (Non-interest Bearing Note)。
6. 有既定的到期日 (Maturity Date)。
7. 見票即付：付款日在一個特定的日期或在設定期間結束時。
8. 票據包含：支票、本票以及匯票，茲分述如下。

◆ 支票

由發票人簽發一定的金額，委託金融業者於見票時，無條件支付予受款人或持票人的票據。

◆ 本票

由發票人簽發一定的金額，於指定的到期日由發票人無條件支付予受款人或持票人的票據。

◆匯票

匯票是由發票人簽發一定的金額，委託付款人（通常為金融業者）於指定的到期日，無條件支付予受款人或持票人的票據。

匯票與支票的差別是，匯票可委託第三者付款，通常為金融機構；匯票之發票人與受款人可為同一人。

二、產生應收票據的原因

1.出售商品或提供勞務：站在公司的立場

2016 年

7 月 10 日　應收票據 ························· 50,000

　　　　　　銷貨收入 ························· 50,000

　　　（賒銷商品）

2.借貸（融資）：公司放款予員工或其他企業

⑴放款人立場：公司

2016 年

8 月 1 日　應收票據 ························· 100,000

　　　　　　現金 ························· 100,000

　　　（放款給予洋洋企業）

⑵借款人立場

2016 年

8 月 1 日　現金 ························· 100,000

　　　　　　應付票據 ························· 100,000

　　　（公司向銀行貸款）

3.應收帳款的展延：提供其他公司帳款的展延

2016 年

10 月 1 日　應收票據 ··· 20,000

　　　　　　　應收帳款──錢潮公司 ···························· 20,000

　　　　　（提供錢潮公司帳款的展延）

應收票據的會計處理問題與應收帳款相似，但僅有一個例外，就是應收票據自發票日起至到期日將會有計息的可能性。雖然附息票據以每日為計息基礎，然而實務上往往每年收取一次或兩次的利息。因此，應收票據的會計處理牽涉到應收利息 (Interest Receivable) 與利息收入 (Interest Revenue) 的調整，以下說明利息的計算方式。

三、應收票據的到期日與到期期間

應收票據的到期期間若以年份或月數表示，視所給定的資訊而直接加上年份或月數來決定。例如：發票日期為 1999 年 7 月 30 日的一年期應收票據，則其到期日為 2000 年 7 月 30 日；若為三個月後到期，則其到期日為 1999 年 10 月 30 日。若是給定確切的到期期間，如：發票日 1999 年 7 月 30 日後的 90 天到期，則採「算尾不算頭」的方式計算到期日，則其到期日應為 1999 年 10 月 8 日，計算方式請參考圖 13–2。

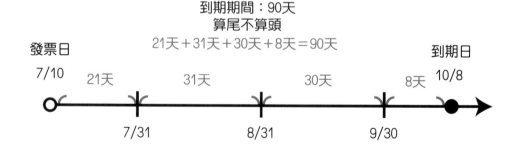

圖 13–2　應收票據到期日之計算方式

四、利息收入之計算

計算利息收入時，首先需考慮三個變數：

1.本金

本金 (Principal) 為應收票據的票面金額。

2.票面利率

於應收票據的票面上所設定的票面利率，通常以年利率 (Annual Interest Rate) 表示。

3.計息期間

為計算應收票據的利息所涵蓋的期間。由於票面利率通常以年利率表示，當應收票據的到期期間低於一年時，計息期間則為部分的年度。通常以 12 個月或 365 天作為一年的計息單位。

計算利息的公式：

利息 (I) = 本金 (P) × 票面利率 (R) × 計息期間 (T)

例如：$ 100,000×12%×90/360＝$ 3,000

許多金融機構使用一年為 365 天的天數來計算利息。表 13-6 比較三張不同計息期間長度與不同條件的應收票據之利息計算方式，請注意票據的持有期間主要取決於計息期間，而非取決於票據的到期日。

表 13-6 計算應收票據的利息

給定的資訊		利息的計算			
應收票據的條件	計息期間	本金	年利率	持有期間	利息
$240,000，8%，兩年後到期	1 月 1 日 – 12 月 31 日	$240,000	8%	12/12	$19,200

$240,000，8%， 10 個月後到期	1 月 1 日 – 10 月 31 日	$240,000	8%	10/12	$16,000
$240,000，8%， 2 個月後到期	11 月 1 日 – 12 月 31 日	$240,000	8%	2/12	$ 3,200

五、應收票據與利息收入之會計處理

　　應收票據的會計處理牽涉到四個關鍵事項之紀錄：⑴收取應收票據；⑵應收而未收的利息收入；⑶收到利息收入；⑷收到應收票據的本金。

　　假設宏觀科技公司於 2016 年 11 月 1 日放款予顧客趙先生 $180,000，同時要求顧客應於 2017 年 10 月 31 日支付票據本金以及按票面利率 10% 計算的利息。已知宏觀科技公司於 2016 年度並未收取顧客趙先生的利息收入，則宏觀科技公司於 2016 年底的財務報表應提列應收未收的利息收入之調整分錄。

　　以下為宏觀科技公司攸關應收票據的相關分錄：

1. 收取應收票據

　　宏觀科技公司於 2016 年 11 月 1 日放款予顧客趙先生 $180,000，公司收到顧客趙先生開立的一張票面金額為 $180,000 的本票：

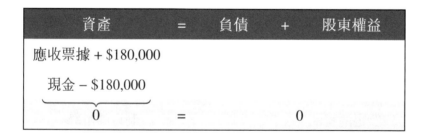

2016 年

11 月 1 日　應收票據 ⋯⋯⋯⋯⋯⋯⋯⋯⋯⋯⋯⋯　180,000

　　　　　　現金 ⋯⋯⋯⋯⋯⋯⋯⋯⋯⋯⋯⋯⋯⋯　　　　180,000

　　　　　（放款予顧客趙先生，收到本票，附息

　　　　　10%，一年後到期）

　　宏觀科技公司於 2016 年 11 月 1 日收到顧客趙先生交來的本票 $180,000 時，並未同時收到利息。然而，利息卻隨著時間經過而產生。

2. 期末應調整應計利息

　　根據應計會計基礎 (Accrual Basis Accounting)，當利息已賺取時，便應紀錄為「利息收入」。由於宏觀科技公司並未每日紀錄已賺取的利息收入，因此，公司必須於期末補記錄已賺取但尚未入帳的利息收入。

資產	=	負債	+	股東權益
應收利息 + $3,000	=			利息收入 + $3,000
+ $3,000	=			+ $3,000

2016 年

12 月 31 日　應收利息 ·· 3,000

　　　　　　利息收入 ·· 3,000

　　　　　（期末提列當年度已賺取的利息收入）

截至 2016 年 12 月 31 日，宏觀科技公司已賺取兩個月的利息收入，該公司計算利息的公式如下：

$$利息 (I) = 本金 (P) \times 票面利率 (R) \times 計息期間 (T)$$
$$= \$180,000 \times 10\% \times \frac{2}{12}$$
$$= \$3,000$$

3. 到期日票據本利和之收現

⑴到期時，顧客如數履約 (Honoring)

當 2017 年 10 月 31 日票據到期時，顧客趙先生如數履約，償還約定的本金 $180,000 以及利息收入計 $18,000，其中 $3,000 的利息收入屬於 2016 年 11 月 1 日起至 2016 年 12 月 31 日止計兩個月，另 $15,000 的利息收入屬於 2017 年 1 月 1 日起至 2017 年 10 月 31 日止計 10 個月，以上總共一年期間的利息收入。因此，宏觀科技公司於到期日紀錄收到應收票據的本金及利息的分錄如下：

資產	=	負債	+	股東權益
應收利息 – $3,000	=			利息收入 + $15,000
現金 + $198,000				
應收票據 – $180,000				
+ $15,000	=			+ $15,000

2017 年

10 月 31 日　現金 ·· 198,000

　　　　　　　　應收票據 ·· 180,000

　　　　　　　　應收利息 (11/1–12/31) ··············· 3,000

　　　　　　　　利息收入 (1/1–10/31) ················· 15,000

　　　　　　（全數收回票據的本金及利息）

利息收入歸屬於綜合損益表的營業外收益或其他收益。

⑵到期時，顧客違約 (Dishonoring)

當 2017 年 10 月 31 日票據到期時，若顧客趙先生違約，未能償還約定的本金 $180,000 以及利息收入計 $18,000。因此，宏觀科技公司於到期日應繼續向顧客趙先生催收所積欠的應收票據的本金及利息，分錄如下：

2017 年

10 月 31 日　應收帳款──趙先生 ······················ 198,000

　　　　　　　　應收票據 ·· 180,000

　　　　　　　　應收利息 (11/1–12/31) ··············· 3,000

　　　　　　　　利息收入 (1/1–10/31) ················· 15,000

　　　　　　（顧客趙先生違約，繼續催收）

六、無法收回票據款項之會計處理

如同公司的應收帳款無法全數收回現金的可能性，應收票據的本金或利息收入也有可能無法全數收回。當應收票據的現金回收產生疑惑時，公司也有必要針對應收票據提列備抵壞帳，其會計處理方式與應收帳款均同，茲不再贅述。

練習題 ▶

一、選擇題

1. 下列有關應收帳款之敘述何者有誤?

   (A)應收帳款通常在銷貨完成,商品所有權移轉時認列

   (B)分期收款銷貨所產生的應收分期帳款,其收帳期間超過一年,應計算現值入帳並分類為非流動資產

   (C)應收帳款明細帳若因顧客溢付貨款而產生貸餘,則該貸餘應列為流動負債

   (D)備抵銷貨退回與折讓此項目是應收帳款的抵銷項目   105 年普考

2. 甲公司出售商品給乙公司,收到一張一年期不附息票據 $15,900,當時市場利率為 6%,則應認列銷貨收入之金額為:

   (A) $15,900

   (B) $15,000

   (C) $16,854

   (D) $954   105 年初等

3. 甲公司調整前試算表顯示應收帳款餘額為 $380,000,備抵壞帳貸餘 $7,000,銷貨收入 $520,000。若公司採帳款餘額百分比法估計壞帳,壞帳率為 4%,則當年度應認列的壞帳費用是多少?

   (A) $8,200

   (B) $14,920

   (C) $15,200

   (D) $20,800   105 年初等

4. 甲公司發現其應收帳款估計有 $144,000 無法收回,若備抵壞帳有 $16,000 的貸方餘額,則在記錄壞帳時應:

   (A)借記備抵壞帳 $128,000

   (B)借記備抵壞帳 $144,000

   (C)借記壞帳費用 $128,000

   (D)借記壞帳費用 $144,000   105 年初等

5. 甲公司 X1 年 11 月 1 日開立一張 90 天附息票據 $15,000，市場與票面利率均為 12%。X1 年 12 月 31 日甲公司與此票據有關之調整分錄應為：

(A)借：利息費用 $300，貸：應付利息 $300

(B)借：利息費用 $450，貸：應付利息 $450

(C)借：利息費用 $300，貸：現金 $300

(D)借：利息費用 $450，貸：應付票據折價 $450　　　　　　105 年初等

6. 甲公司本期相關資訊為：備抵呆帳期初餘額 $3,200，期末調整後餘額 $5,400；應收帳款前期沖銷而於本期再收回之金額 $1,200，本期估計應認列之呆帳費用為 $8,400。試問本期甲公司沖銷之應收帳款金額為多少？

(A) $5,000

(B) $7,400

(C) $8,400

(D) $8,600　　　　　　　　　　　　　　　　　　　　104 年稅務特考

7. 甲公司於 X1 年 12 月 31 日評價應收帳款前，應收帳款總額為 $1,196,000，備抵呆帳貸餘 $15,600。甲公司先單獨對個別重大的應收帳款客戶進行評估，再對個別不重大的應收帳款客戶及個別重大客戶無客觀證據顯示已減損者採集體評估。評估後發現，個別重大客戶之帳款 $468,000 將發生 $273,000 減損，其他集體評估估計其減損損失比率為應收帳款金額的 4%。甲公司應認列之應收帳款減損損失（或呆帳費用）為何？

(A) $286,520

(B) $273,000

(C) $305,240

(D) $302,120　　　　　　　　　　　　　　　　　　　104 年普考

8. 台南公司於 X2 年 7 月 1 日付現 $1,000,000 及簽發一紙三年期不附息票據 $600,000 購入一筆土地，票據於未來三年平均清償，並於未來各年度之 6 月 30 日償付，有效利率為 10%，試問台南公司 X3 年 12 月 31 日應付票據帳列金額為多少？

(A) $347,107

(B) $364,462

(C) $418,731

(D) $353,624　　　　　　　　　　　　　　　　　104 年普考

9. 丙公司於 X1 年初將其應收帳款 $500,000 以無追索權方式轉讓給客帳代理商，手續費為 4%，另保留 10% 的帳款用以扣抵銷貨退回與折扣之用，X1 年度該應收帳款實際發生壞帳 $10,000、銷貨退回與折扣 $32,000。若此項交易視為出售無追索權處理，則丙公司應認列多少損失？

(A) $20,000

(B) $28,000

(C) $30,000

(D) $50,000　　　　　　　　　　　　　　　　　104 年高考

10. 甲公司 X5 年期末應收帳款總額 $950,000，估計將有 $57,000 的帳款無法回收。又「備抵呆帳」在調整前有借方餘額 $3,000。則：

(A)備抵呆帳調整前之餘額並不影響 X5 年呆帳費用

(B)備抵呆帳在 X5 年底調整後之餘額應為 $54,000

(C)應收帳款 X5 年底調整後淨額為 $893,000

(D) X5 年呆帳費用為 $54,000　　　　　　　　　　　104 年身心障礙

二、問答題

1. 全發電腦顧問公司決定沖銷顧客王大同先生所積欠的帳款餘額 $115,200，試分別以下列兩種方法，記錄沖銷的分錄：(a)備抵法；(b)直接沖銷法。

2. 銘基食品公司在成立後的第一年度營運中，產生 $73,200,000 的銷貨淨額，當年度採用直接沖銷法沖銷的壞帳金額計 $1,267,200，第一年度的稅後淨利為 $2,707,200。若銘基食品公司在第二年的營運中，銷貨淨額為 $91,200,000，採用直接沖銷法沖銷的壞帳計 $1,548,000，第二年度的稅後淨利為 $389,200。

試問：

(1)若銘基食品公司採用備抵法提列壞帳，估計壞帳為銷貨淨額的 2%，則第一年度在備抵法下的稅後淨利為多少？

(2)若銘基食品公司在第一年與第二年度皆採用備抵法提列壞帳（估計壞帳為銷貨淨額的 2%），則第二年度的稅後淨利為多少？

⑶若銘基食品公司在第一年與第二年度皆採用備抵法提列壞帳，則第二年年底的備抵壞帳項目之餘額為多少？

3.下列為亞超公司部分財務狀況表，其中有若干錯誤，試為該公司編制正確的部分財務狀況表。

亞超公司
部分財務狀況表
2016 年度

資產		
流動資產：		
現金	$1,530,000	
應收票據	4,800,000	
減：應收利息	288,000	4,512,000
應收帳款	$9,028,320	
加：備抵壞帳	732,000	$9,760,320

4.以帖科技公司於 2016 年底的應收帳款借餘為 $18,600,000，當年度的銷貨收入淨額為 $144,000,000。試分別在以下不同的提列壞帳之方法下，為以帖科技公司編制 2016 年底提列壞帳之調整分錄。

⑴估計 2016 年度的壞帳費用為淨銷貨收入 1% 的 1/4，已知調整前備抵壞帳項目有 $114,000 的貸餘。

⑵該公司由顧客應收帳款分類帳中的帳齡分析表評估，估計 2016 年度的壞帳費用為 $440,400，已知調整前備抵壞帳項目有 $90,000 的貸餘。

⑶估計 2016 年度的壞帳費用為淨銷貨收入 1% 的 1/2，已知調整前備抵壞帳項目有 $121,200 的借餘。

⑷該公司由顧客應收帳款分類帳中的帳齡分析表評估，估計 2016 年度的壞帳費用為 $753,600，已知調整前備抵壞帳項目有 $121,200 的借餘。

5.莫然公司是文具用品的批發商，下列資訊顯示該公司於 2016 年 12 月 31 日顧客的帳齡分析表以及由過去的經驗估計不同帳齡期間之壞帳百分比：

帳齡期間	應收帳款總額	估計壞帳百分比
未到期	$ 8,400,000	1%
過期 1–30 天	2,160,000	3%
過期 31–60 天	408,000	6%
過期 61–90 天	312,000	10%
過期 91–180 天	225,600	60%
過期超過 180 天	86,400	80%
	$11,592,000	

試問：

⑴莫然公司於 2016 年 12 月 31 日備抵壞帳項目之餘額為多少？

⑵若已知調整前備抵壞帳項目有 $45,384 的借餘，試做莫然公司於 2016 年 12 月 31 日提列壞帳的調整分錄。

6.試分別判斷陶陶公司的下列應收票據之到期日與到期日的利息收入。

	發票日期	票據面額	票據期限	利率
⑴	3 月 6 日	$240,000	60 天	9%
⑵	3 月 20 日	144,000	60 天	10%
⑶	6 月 2 日	180,000	90 天	12%
⑷	8 月 30 日	360,000	120 天	10%
⑸	10 月 1 日	300,000	60 天	12%

7.祥瑞公司於 2017 年 4 月 6 日賒銷一批商品給予桃子公司，故桃子公司開立並交付發票日期為 4 月 6 日、90 天期、票面利率為 8% 的票據，金額為 $360,000。

試問：

⑴該票據的到期日為何？

⑵該票據的到期值為何？

⑶試分別作以下的分錄：⑷祥瑞公司收到票據時；⑸祥瑞公司在到期日收

到款項。

8. 凱傑玩具公司於 2016 年與 2017 年陸續發生以下的交易事項，試分別完成分錄：

2016 年：

12 月 13 日　賒銷商品給予依臣公司，當天立即收到 $720,000 的票據，期限為 120 天、利率 9%。

31 日　作 12 月 13 日所收到票據的應收利息之調整分錄。

31 日　結清利息收入項目，該項目中的金額僅由 12 月 31 日的調整所產生。

2017 年：

4 月 12 日　收到依臣公司支付票據的本金與利息之款項。

9. 試完成美德公司下列交易事項之分錄：

7 月 　3 日　賒銷商品給予環亞公司,當日收到環亞公司開立的 $1,200,000 票據，期限為 90 天、利率 7%。

10 月 　1 日　環亞公司未兌現此票據。

31 日　環亞公司還來 10 月 1 日未兌現票據之全部金額，以及以 9% 利率設算之逾期 30 天還款的利息。

10. 試完成君道貿易公司下列交易事項之分錄：

4 月 　1 日　賒銷一批商品給予澤茂公司，當日收到 $240,000 的票據，期限為 30 天、利率 6%。

18 日　賒銷一批商品給予佳利德公司，當日收到 $288,000 的票據，期限為 30 天、利率 9%。

5 月 　1 日　澤茂公司於 4 月 1 日開立的票據未兌現，公司便紀錄澤茂公司違約還款之分錄。

6 月 17 日　佳利德公司於 4 月 18 日開立的票據未兌現,公司便紀錄佳利德公司違約還款之分錄。

7 月 30 日　收到澤茂公司償還發票日 4 月 1 日之未兌現票據，另以 8% 利率加計逾期 90 天的利息。

9 月 　3 日　確定佳利德公司已無法還款，故沖銷佳利德公司的帳戶。

11.梅林公司 2017 年度部分交易彙總如下：

(1)現銷	$ 713,890
(2)賒銷	1,527,439
(3)沖銷應收帳款	3,474
(4)應收帳款收現	1,504,318
(5)銷貨折扣	15,245
(6)應收帳款實收現金（(4)減(5)之差額）	1,489,073
(7)以前沖銷呆帳收回	376
(8)本年度提列呆帳為賒銷淨額之 0.5%	

試根據上列資料，作成 2017 年度各項交易之普通分錄及調整分錄。

12.信義公司開業三年來，銷貨全為賒銷，並無現金折扣，三年之有關資料如下：

年度	賒銷金額	應收帳款收現	應收帳款沖銷
1	$200,000	$190,000	$1,000
2	300,000	295,000	1,200
3	360,000	352,000	1,500

(1)假定信義公司三年來均採直接沖銷法轉銷呆帳，則三年呆帳的總和為若干？第三年年底應收帳款餘額應為若干？

(2)假定該公司係採備抵法提列呆帳，每年年底按賒銷金額之 0.75% 提列呆帳，則三年呆帳的總和為若干？第三年年底應收帳款淨變現價值應為若干？

13.文山公司備抵呆帳帳戶內容如下：

備抵呆帳

3/31 沖銷	1,890	1/ 1 餘額	8,600
4/27 沖銷	1,620	12/31 調整	5,030
8/16 沖銷	1,680		

該公司歷年均按銷貨金額之 1% 提列呆帳，本年年底時，會計主任建議採用帳齡分析法以測驗備抵呆帳之餘額是否適當。經分析應收帳款明細分類帳及根據過去經驗，獲得資料如下：

已賒欠日數	金　額	可能發生呆帳百分比
1–30	$ 87,320	1
31–60	18,460	5
61–90	9,700	10
91–180	7,550	20
180 天以上	3,700	50
	$126,730	

　　試根據上述資料，決定年底備抵呆帳餘額是否適當，並作必要之改正分錄。

14. 下列為大元公司 2017 年度之部分會計資料：

　⑴期初應收帳款餘額 $148,000，備抵呆帳餘額 $8,000。

　⑵銷貨收入 $900,000（其中包括現銷 $200,000）。

　⑶期初存貨 $26,000，期末存貨 $49,000。

　⑷進貨 $600,000。

　⑸應收帳款當年收到現金 $600,000（該公司無銷貨折扣）。

　⑹確定無法收回之帳款 $6,800。

　⑺銷貨毛利 $320,000。

　⑻銷貨退回若干（現銷商品無銷貨退回）。

　試作下列事項：

　⑴計算該公司 2017 年度銷貨退回金額及 2017 年 12 月 31 日應收帳款餘額。

　⑵分別按銷貨淨額 1%、賒銷淨額 1.5%、應收帳款餘額 5%，決定呆帳費用之金額。

15. 某公司 2017 年 12 月 31 日應收帳款餘額為 $100,000，備抵呆帳餘額為 $10,000。2018 年 2 月 10 日該公司確定客戶王君欠款 $8,000 已無法收回，

乃將其沖銷。試作必要分錄並列示沖銷前及沖銷後之相關科目及金額。

16. 試決定下列五張票據之到期日，並計算其利息。

	出票日期	本　金	利率 (%)	期　限
(1)	3 月 1 日	$3,650	6	60 天
(2)	4 月 15 日	4,200	6	90 天
(3)	7 月 17 日	5,100	8	75 天
(4)	9 月 3 日	8,460	7.5	120 天
(5)	10 月 16 日	7,500	9	42 天

第十四章

長期性資產

前　言

　　大多數人往往苦惱於應該花多少錢購買一部汽車？或是該投資哪一家公司的股票？當公司準備購買長期性資產時，也與一般人有相同的煩惱。換言之，當今企業經理人所面臨的重要挑戰之一，便是決定應投資多少金額在長期性資產的配置上。

　　對於某些大型的影城而言，究竟應該投資幾棟的建築物？購置多大的播放布幕？是否需要另配置 3D 立體音響？音響設備的規格等級為何？應架設多少張的座椅等等設備？這些問題皆關係著影城的來客量與營業額。好在，企業經理人得以運用會計報告，評估公司投資在長期性資產之允當性。

　　本章的重點主要在於介紹企業營運上所使用的長期性資產，包括：有形的長期資產、天然資源以及無形資產，這些長期性資產的購買、成本分攤、處置等重要決策及其相關影響因素。長期性有形資產是許多公司的主要投資項目，在財務狀況表的資產類別中占有相當重要的一部分，長期性有形資產提列相關的折舊費用也占綜合損益表上費用類的一大部分。此外，當公司取得、出售或交換這些長期性資產時，均會影響到現金流量表的項目；而天然資源與無形資產也有類似的影響效果。因此，瞭解長期性資產與無形資產的會計處理及分析，實為十分重要的課題。

　　對於學習者而言，學習本章後可瞭解長期性有形資產與其他類型資產的認定、購買成本的決定，使用期間的成本分攤，以及處分時的會計處理問題，及其對財務報表報導所產生的影響。

學習架構

■ 定義、分類並解釋長期性資產的特性。

■ 長期性資產的認定與取得成本之會計處理。

■ 說明長期性有形資產的使用以及各種折舊方法。

■ 說明長期性有形資產的價值減損，及其對於財務報表的影響。

■ 分析無形資產與天然資源之取得、運用及處置的會計處理。

14-1 長期性資產的特性

　　長期性資產 (Long-lived Assets) 是指企業所購買供日常營運使用，且耐用年限超過一年以上的資產，這些資產不以出售為目的，反而是用來作為生產產品或提供勞務的生產性資產 (Productive Assets)。長期性資產並不侷限於狹義的廠房或設備，通常包括：土地、財產、廠房與設備、天然資源以及無形資產。舉例而言，SonicGateway 公司用來設計遊戲應用程序的「電腦設備」、提供 Walmart 用來銷售商品的「賣場」，以及禁止使用 Under Armour 公司商標的「法律權」等等，這些都是屬於長期性資產的範疇。因此，下次當你聽到長期性資產的名詞時，請以廣義的思維認定之。對於許多企業而言，長期性有形資產往往占總資產相當高的比例且金額也很龐大。以麥當勞 (McDonald) 企業而言，其長期性有形資產的帳面價值便超過 160 億美元以上，而 Walmart 則超過 320 億美元，足見長期性資產對於上述企業的重要性。

　　長期性資產通常分成三大類別，包括長期性有形資產 (Tangible Assets)、無形資產 (Intangible Assets) 以及天然資源 (Natural Resources)，茲分述如下：

一、長期性有形資產

　　相較於其他的資產，長期性有形資產具有以下重要的特性：

1.具有實際的形體

　　任何人皆可以看到、觸摸到它。其中最典型的長期性有形資產諸如：土地 (Land)、建築物 (Buildings)、機械設備 (Machinery Equipment)、運輸設備 (Vehicle)、辦公設備 (Office Equipment)、家具 (Furniture) 及燈具 (Fixtures)、汽車 (Automobiles)，上述長期性有形資產在財務狀況表中通常被統稱為「財產、廠房與設備」(Property, Plant and Equipment)，有鑑於上述資產經常被固定在適當的位置，故又被稱為「固定資產」(FixedAssets)，本書則稱為「長期性有形資產」。例如：Walter Disney 的長期性有形資產包括：摩天輪遊樂器材、飯店、土地等等。

2. 主要供營業上使用，不以出售為目的

長期性有形資產與存貨的最大差異在於，存貨係備供出售而非以營業上使用為目的。若公司購買電腦的目的是以出售獲利，則應將電腦歸屬在財務狀況表的「存貨」項目。反之，若公司購買電腦的目的是供營業上使用，則應將電腦歸屬於財務狀況表的「長期性有形資產」項目。

此外，用來擴展用的土地應歸類為長期投資，但是，若土地上另附設廠房供營業上使用，則該土地便被歸類為長期性有形資產；另一方面，若購入設備係用來作為尖峰時段或其他設備故障時的備用，則應歸屬於長期性有形資產；但若不再使用而準備出售，則便不應列為長期性有形資產，而應被列為長期投資。

3. 耐用年限超過一個以上的會計期間

此為長期性有形資產與「流動資產」最大的差別。例如：文具用品往往買入後不久便被耗用殆盡,已耗用部分的成本通常在當期便立即認列為費用，故會計處理便將文具用品列為流動資產項目下。

二、無形資產

無形資產的擁有者通常具有特殊的權利，但卻無實體存在。大多數無形資產的存在，主要乃透過法律文件以表彰其權利。相較於上述日常生活上常見的長期性有形資產，無形資產對於許多人而言則顯得較為陌生。基於此，本章後續將詳細解說各式型態的無形資產。例如：品牌名稱、商標、特許權、商譽等等。

三、天然資源

天然資源會隨著時間經過而消耗殆盡。例如：油井、天然氣、金礦及木材採伐等行業，為最典型的天然資源項目。這些天然資源，無論是油井、礦藏或木材，均為諸如臺塑集團或鴻海集團所銷售的產品提供原物料。

四、長期性有形資產在財務狀況表之表達

表 14-1 為貝貝親子遊樂園的財務狀況表，主要比較 2016 年與 2017 年的長期性有形資產與無形資產之差異。2017 年底的總資產為 $2,015,000，其中財產、廠房與設備的淨額便高達 $1,500,000，占總資產的 74%；2016 年底的總資產為 $2,020,000，其中財產、廠房與設備的淨額為 $1,540,000，占總資產的 76%。足見長期性有形資產在總資產中，占有相當的重要性與份量。

表 14-1　貝貝親子遊樂園於 2016 年與 2017 年的長期性資產之比較

	2017/12/31	2016/12/31
資產		
流動資產	$　190,000	$　140,000
財產、廠房與設備		
土地	280,000	300,000
土地改良物	350,000	340,000
建築物	580,000	580,000
設備	1,500,000	1,450,000
在建工程	40,000	30,000
財產、廠房與設備——成本	$ 2,750,000	$ 2,700,000
累計折舊	(1,250,000)	(1,160,000)
財產與設備——淨額	$ 1,500,000	$ 1,540,000
商譽與其他無形資產——淨額	275,000	290,000
其他資產	50,000	50,000
總資產	$ 2,015,000	$ 2,020,000

以下分別說明長期性有形資產的取得、使用過程與處置之會計決策與處

理方法。

14–2 長期性有形資產的取得成本與入帳之會計處理——成本原則之運用

多數公司擁有各式各樣的長期性有形資產，本章稍早曾介紹最典型的幾種，包括土地、建築物、機械設備、運輸設備、辦公設備、家具及燈具、汽車。其他較少見者，如土地改良物 (Land Improvements) 及在建工程 (Constructionin in Progress)，如表 14–1 列示貝貝親子遊樂園於 2016 年與 2017 年的土地改良物分別為 $340,000 與 $350,000。

一、取得成本的入帳原則

按照「成本原則」，長期性有形資產於購買時應以「取得成本」(Acquisition Cost) 入帳。其中的取得成本包括：所有使資產達到可供使用狀態前的一切正常、合理且必要的支出。

當所有合理且正常的支出被記錄為資產（非費用）時，該項支出已經資本化 (Capitalized)。例如安裝於工廠的機器之取得成本應包括機器購買時的發票價格，扣掉提早付款的現金折扣，再加上運費、拆封及組合的成本；同時也應包括，使用前的安裝與測試費用，例如為機器建置專屬的機臺、拉電源線或延長線以及開始運轉前的調整或測試等費用。

然而，若資產在拆封前有破損的現象，則其相關的修繕費用便不能認列為取得成本，而應直接認列為當期費用。同樣地，在運送資產的路途中若發生交通罰款，也不應認列為資產的取得成本。相反地，若是合理且必要的支出，如修改或訂做新資產的額外支出，則應認列為資產的取得成本。

綜上所述，若一家公司購買了曾使用過的土地、房屋或設備，必須經過拆遷、改造或維修後，資產才能供營業上正常使用。則這些額外的花費應資本化並認列為土地、建築物或設備的取得成本，以使這些資產達到可供使用的狀態。因此，取得有形資產時應先評估是否屬正常、合理且必要的支出，這仰賴會計人員所具備的經驗與判斷力。由於誤將費用資本化而認列為資產成本，將會影響到財務狀況表（增加資產項目）以及綜合損益表（減少費用

項目）之正確揭露。少數不誠實的會計人員或經理人利用誤判的藉口，致使應認列為費用的支出被資本化，加以掩飾其舞弊的道德缺失行為。

以下將逐一說明，當公司取得長期性有形資產時應資本化的支出項目，下列所列出的項目均為使所有有形資產到達可供使用狀態前的一切正常、合理且必要的支出。

請注意，這些支出不受購買或建造資產的金額大小所限。例如：「土地」的取得成本應包括：購買土地時支付給經紀人的資料搜集費、律師費、土地調查費以及佣金。

1.土地

當企業購買土地做為建造廠房或辦公室之用途時，則土地的取得成本應包括購買土地的一切代價，如房地產佣金、過戶費、法律費用以及買方應負擔的財產稅；此外，測量、開墾、整地、排水、美化等相關支出亦應歸屬於土地的取得成本；若因地方政府於土地購入當時或以後針對公用道路、下水道及人行道等課徵的稅額，因為可永久增加土地的價值，也應歸屬於土地的取得成本；另一方面，當企業購買土地做為建地時，土地之上可能有一些舊建物必須拆除，在此情況下，應將拆除成本扣掉拆除後的廢料出售價款之淨額，作為土地的取得成本。

表 14-2　吉祥科技公司購買土地之取得成本

土地購買價格	$670,000
車庫拆除淨成本	13,000
律師費	20,000
資料搜集費	10,000
土地調查費	5,000
佣金	10,000
土地總成本	**$728,000**

吉祥科技公司於 2016 年 4 月 10 日支付現金 $670,000 購買一塊土地，準備用來建造一間電腦零件的零售店，如表 14-2 所示。該筆土地上方原有一間舊車庫，相關拆除淨成本為 $13,000（$15,000 的成本扣除拆除的廢料金額 $2,000）。其餘相關費用還有：佣金 $10,000、土地調查費 $5,000、資料搜集費 $10,000 以及律師費用 $20,000，共計 $728,000。因此，吉祥科技公司的土地總成本為 $728,000，分錄如下：

2016 年

4 月 10 日　土地 ⋯⋯⋯⋯⋯⋯⋯⋯⋯⋯⋯⋯⋯⋯⋯　728,000

　　　　　　　現金 ⋯⋯⋯⋯⋯⋯⋯⋯⋯⋯⋯⋯⋯⋯⋯　　　728,000

　　　　　（支付現金，購買土地）

2. 土地改良

由於土地通常不會隨著時間而耗損，具有永續的價值因而無耐用年限，因此不必提列折舊費用 (Depreciation Expense)。然而，附著土地上且可提高土地用途的人行道、停車場、汽車道、路面填平、綠化工程、籬笆、照明設備、自動灑水與滅火系統等土地改良物將會隨著使用過程而耗損，因而具有耐用年限。由於上列支出項目可以增加土地的使用價值，因此單獨認列為「土地改良物」項目，並於有效耐用年限中分攤其成本。

綜言之，土地改良物與土地的不同之處在於，土地改良物將會因使用過程而老舊或隨時間經過受侵蝕，但土地的價值卻能永垂不朽。

3. 在建工程

在建工程的取得成本包括：興建過程中的新建築物與設備的成本。當工程結束後，這些工程花費將由「在建工程」項目轉列為其所涉及的「建築物」或「設備」項目內。

4. 建築物

建築物的取得成本包括：所有關於購買或興建以供營業上正常使用的建

築物成本。當企業購買建築物時，其取得成本通常包含購買價格、佣金、稅賦、過戶費以及律師費等。換言之，所有一切使建築物達到可供使用狀態前的必要支出，以及必要的修繕、管線、照明、鋪設地板及張貼壁紙等翻新費用，均應認列為建築物的取得成本。

若公司自行建造供營業上使用的辦公大樓，其取得成本包括：材料、人力及動力、照明與機器折舊等間接費用，以及設計費、建築執照費與在建期間的保險費。下列以貝貝親子遊樂場為例，顯示該公司於 2016 年支出的在建工程計為 $8,300,000，其中律師費、鑑定費、建築師費於 8 月 1 日支付現金，其餘開立本票支付。

值得注意的是，工程結束後所發生的保險費等，則須列為當期的營業費用。

表 14-3　計算貝貝親子遊樂場的建築物取得成本

購買或建造成本	$7,500,000
律師費	200,000
鑑定費	100,000
建築師費	500,000
建築物取得成本	$8,300,000

2016 年

8 月 1 日	建築物	8,300,000	
	現金		800,000
	應付票據		7,500,000

（購買建築物，支付現金 $800,000，
其餘開立本票支付）

5. 機器設備

機器設備的成本包括達到可供使用狀態前的一切正常合理且必要的支出，如：購買價格、銷售稅、運費、運送中的保險、安裝、組裝、測試等費用。以貝貝親子遊樂場為例，該公司於 2016 年 7 月 1 日購買機器設備成本為 $210,000，扣除獲取的商業折扣後，另支付銷售稅 $5,000、運輸費用 $9,000 以及安裝費用 $10,000，總成本為 $224,000，其計算方式如表 14-4 所示，入帳分錄如下：

表 14-4 貝貝親子遊樂場機器設備成本的計算

購買成本	$ 210,000
減：商業折扣	(10,000)
銷售稅	5,000
運輸費用	9,000
安裝費用	10,000
機器設備總成本	$ 224,000

2016 年			
7 月 1 日	機器設備	224,000	
	現金		224,000
	（購買機器設備，支付現金）		

二、整批購買

在某些情況下，土地、房屋及設備等長期性有形資產通常是以一個價格整批購買 (Basket Purchase) 的交易方式取得。在此情形下，須將個別資產依其市價相對於總購買價格的比例，將購買成本按市價比例分攤到個別資產的成本。

由於不同資產的耐用年限可能不同，例如：飯店可使用 50 年，但土地永遠不會用完，故土地的壽命無限。因此，將總購買價格分攤於個別資產實有

其必要性。換言之，需進一步將個別資產的市價透過鑑定價格予以比例分攤。

例如：欣欣親子遊樂園於 2016 年 10 月 1 日支付現金 $5,000,000 買進整批的長期性資產，包含土地、土地改良物以及建築物，其鑑定價格分別為 $3,000,000、$1,000,000 及 $6,000,000。

表 14–5 顯示整批購買的個別資產成本之計算方式，以鑑定價格分攤個別資產的取得成本後，則土地分攤的成本為 $1,500,000、土地改良物分攤的成本為 $500,000、建築物分攤的成本為 $3,000,000。

表 14–5　欣欣親子遊樂園計算整批購買的個別資產成本

	鑑定價格	占總鑑定價格比例	分攤成本
土地	$ 3,000,000	$30\%(=\dfrac{\$3,000,000}{\$10,000,000})$	$1,500,000 (= $5,000,000 × 30%)
土地改良物	1,000,000	$10\%(=\dfrac{\$1,000,000}{\$10,000,000})$	500,000 (= $5,000,000 × 10%)
建築物	6,000,000	$60\%(=\dfrac{\$6,000,000}{\$10,000,000})$	3,000,000 (= $5,000,000 × 60%)
合計	$10,000,000	100%	$5,000,000

```
2016 年
10 月 1 日   土地 ……………………………………    1,500,000
            土地改良物 ………………………………      500,000
            建築物 ……………………………………    3,000,000
                現金 …………………………………………………    5,000,000
            （支付現金購買整批資產）
```

14–3 長期有形資產的使用與成本的分攤

一、使用過程中所產生的維修費用

　　大多數企業為了維持或提升有形資產的營運效能，因而在它們的生命週期中必須產生大量的支出。對於某些產業而言，當安全性是營運中的至關重要課題時，維修便是一項必要且重要的開銷。因此，這些公司通常會在以下兩種類型的維護上，產生許多的花費。例如：一般的維修與保養 (Ordinary Repairs and Maintenance)；異常的維修、汰換與增添 (Extraordinary Repairs, Replacements and Additions)。

1. 一般的維修與保養

　　對於長期性有形資產而言，一般的維修與保養主要是指經常性的維修與保養的支出。如同機車必須定期更換機油一般，這些花費都是屬於經常性且金額相當小的支出，且往往無法直接增加資產的效能。

　　此外，由於這些費用經常發生，以便維持該資產在短期間內的生產力，故這類型的一般維修與保養便被直接認列為當期的費用。此外，由於這些當期的費用與當期的收入相配合，因此，一般的維修與保養又被稱為收益性支出 (Revenue Expenditures)。例如：辦公室定期更換的燈泡、一年一度的油漆粉刷、定期更換的管線或電線等等。

2. 異常的維修、汰換與增添

　　相較於一般的維修與保養，異常的維修、汰換與增添並不經常發生，而且往往牽涉到大筆金額的支出，以及透過提升效率、產能或壽命，以增加資產的使用效能。舉例而言，增添、大修、全面翻新，以及重大的汰換與改良，皆是屬於異常的維修、汰換與增添。例如：更換影城的座椅設備。

　　由於增加的成本超出其有形資產原始狀態的效用，故這些成本應予以增加相對應的長期性資產項目。此種處理方式意味著這些成本被資本化，因此，上述的異常維修、汰換與增添又被稱為資本支出 (Capital Expenditures)。

二、成本的分攤：折舊

1. 折舊費用

除了土地以外，所有的長期性有形資產均有其一定的耐用年限，其取得成本將會隨著時間經過而消耗，此種消耗的過程便稱為「折舊」(Depreciation)。換言之，折舊就是將長期性有形資產的成本在其經濟耐用年限內分攤為費用的過程。所以，折舊也就是長期性有形資產既有成本的分攤過程。例如，當企業購入一部貨車時，該貨車對於企業營運上所產生的效益便是運送貨物，其運送成本就是貨車購入時的取得成本減去耐用年限屆滿時出售的價款（殘值），又稱為淨成本。因此，將貨車的淨成本分攤到其產生效益期間的成本分攤過程，便稱為折舊。

值得注意的是，折舊無法衡量每一段會計期間的資產市價及其實質價值的減損。由於折舊只是將長期性有形資產的成本分攤至各耐用年限，故折舊是一種將成本轉換成為費用的過程。換言之，折舊乃是反映使用長期性有形資產的成本分攤過程，故而若資產尚未實際開始使用，則便無需提列折舊費用。

綜言之，折舊的提列將會影響到一個綜合損益表的項目以及一個財務狀況表的項目。其中「折舊費用」(Depreciation Expense) 是揭露當期提列的折舊，屬於綜合損益表的項目。另外，「累計折舊」(Accumulated Depreciation) 則包含當期與前期已提列的折舊（為已累計數個會計期間的折舊），屬於財務狀況表的項目。

綜上所述，企業提列折舊費用對於會計恆等式的影響以及記載於日記簿的分錄分別列示如下：

資產	= 負債 +	股東權益
累計折舊 + \$12,500	=	折舊費用 + \$12,500
− \$12,500	=	− \$12,500

2016 年

12 月 31 日　折舊費用 ……………………………………　12,500

　　　　　　累計折舊 ……………………………………　　　　12,500

　　　　（提列當年度的折舊費用）

2.折舊在財務報表的表達方式

　　長期性有形資產的成本與累計折舊皆會在財務狀況表中揭露，有些公司會將長期性有形資產以成本扣除累計折舊後的淨額之單一數字表達，並於財務狀況表的附註中揭露累計折舊的金額與折舊政策。以財產與設備為例，其在財務狀況表中的揭露方式如下：

財產與設備	（單位：千元）
機器、設備與器具	$ 359,680
土地、建築及改良物	84,305
	$ 443,985
減：累計折舊	(262,055)
合計	$ 181,930

　　長期性有形資產的成本與累計折舊的揭露，均有助於報表使用者比較不同公司的資產。例如：一家公司的資產為 $100,000，累計折舊為 $80,000，其情況當然就不同於另一家擁有新資產 $20,000 的公司。當上述兩家公司的未折舊淨成本皆為 $20,000 時，雖然第一家公司的產能較高，但卻面臨可能必須更新舊資產的需求。因此，若兩家公司的財務狀況表均以 $20,000 表達其帳面價值，則便無法獲取以上的詳細資訊。

　　折舊是長期性有形資產的成本分攤過程，而長期性有形資產在財務狀況表上應以「帳面價值」評價，而非「市場價值」。根據繼續經營假設，會計資訊所強調的是「成本」而非「市場價值」，且除非有相反的證據，否則應假設

公司會永續經營。此假設意味著公司持有並使用長期性有形資產的時間須「足以藉由其所產生的收入來回收相關的成本」。

　　既然取得長期性有形資產之目的並非在於出售，長期性有形資產在財務報表上當然就不會以市場價值予以評價了；相反地，長期性有形資產在財務狀況表上應以成本減去累計折舊後的淨額表達。另一方面，累計折舊是一項資產扣抵項目，為貸方餘額，反映可重置新資產的基金。

　　表 14-6 分別列示千峰科技公司於 2016 年提列折舊費用後，對於財務報表產生的影響效果。由右側的綜合損益表顯示：營業費用項目下列示了當年度所提列的折舊費用，金額為 $12,500。

　　左側的財務狀況表則以累計折舊項目，揭露該公司於 2016 年度及前年度累計提列的折舊總金額 $68,500。其中財產與設備的成本為 $845,000，代表資產的總經濟利益，減去累計已提列的累計折舊 $68,500，表示資產的總經濟利益已累計耗用了 8.11% ($68,500/$845,000 = 8.11%)，使得財產與設備的淨額成為 $776,500，稱為帳面價值或「可折舊成本」(Depreciable Cost)。大多數的公司會另在財務狀況表的附註中，揭露分項資產（例如：建築物、設備）的明細狀況，以詳細說明個別資產的淨額。

表 14-6　提列折舊費用對財務報表的影響

千峰科技公司 部分財務狀況表 2016 年 12 月 31 日		
資產		
財產與設備	$ 845,000	
累計折舊	(68,500)	
財產與設備淨額		$776,500

千峰科技公司 綜合損益表 2016 年度	
銷貨收入	$ 868,000
銷貨成本	(520,800)
銷貨毛利	$ 347,200
營業費用	
薪資費用	80,000
折舊費用	**12,500**
維修費用	3,500
總營業費用	$　96,000
營業淨利	$ 251,200

　　以下分別說明計算折舊時必須考慮的因素，提列折舊的各種方法、促使折舊產生變動的因素，以及未滿一年的折舊之提列方式。

3.計算折舊時須考慮的因素

⑴資產取得成本

　　長期性有形資產的取得成本是指企業取得並使資產達到可供使用狀態前的所有必要且合理之資本化成本 (Capitalized Costs)，包括：購買成本、營業稅、法律費用等等花費。

⑵耐用年限

　　耐用年限 (Useful Life)，又稱為服務年限，係指長期性有形資產預期可用於營運期間之估計耐用的經濟年限 (Useful Economic Life)，而非僅針對潛在使用者所估計的經濟年限。通常耐用年限會以年度或產能單位 (Units of Capacity) 來表示。

　　舉例而言：電腦的使用年限通常為 3～6 年，但有些公司每兩年便淘汰舊電腦而購買新電腦，在此情況下，電腦的實際耐用年限便為兩年，亦即電腦成本（扣除預期處分資產的殘餘價值）必須於兩年耐用年限內攤銷 (Amortization) 為折舊費用。在所有的長期性有形資產當中，唯一例外的是土地，由於土地的壽命無限，因此，土地並不提列折舊。

　　關於耐用年限的估計問題，公司在過去若擁有同類型資產時，通常可以對新資產的耐用年限做較佳的估計；但若無此種經驗，便須仰賴相關法規、研究報告或專業的經驗判斷。一般公司通常會在年報的附註中，揭露長期性有形資產的耐用年限。例如：按所得稅法第 51 條第二項及第 121 條規定，財政部於 104 年公布固定資產耐用年數表以及遞耗資產耗竭率表之規範，茲列舉常見的長期性資產之耐用年限如表 14-7 所示：

表 14-7　固定資產耐用年數表

固定資產類別	細目	耐用年數
辦公用房屋	鋼筋混凝土建造	50
房屋附屬設備	升降機設備	15
其他建築及設備	停車場及道路路面	7
汽車	運輸用貨車	4
食品及飼料製造設備	麵粉製造設備	10
機器製造設備	試驗機、測定機等	6
運輸工具製造設備	汽車維修設備	6

⑶殘值

　　殘值 (Residual Value) 是指當資產於估計耐用年限結束時，公司處置資產後預估將可回收的價款，又稱為剩餘價值 (Salvage Value)。若估計耐用年限結束時可交換新資產，則殘值便等於新資產的預期市場價值。

公司提列折舊的基本概念主要在使長期性有形資產的成本減去殘值後的可折舊成本，得以在其產生收入的有用經濟壽命期間中，隨著資產的使用將其經濟效益逐漸地耗用掉。當所有的可折舊成本皆是在估計耐用年限內予以分攤完畢，最後僅剩下殘值，此項剩餘價值便是資產的估計耐用年限結束時，公司處置資產後能回收的成本。相反地，當所有的可折舊成本均在估計耐用年限內予以分攤完畢，若公司仍繼續使用該資產，則便不再提列折舊費用。

有鑑於公司可能擁有許多不同種類與不同功能的長期性有形資產，因此公司得選擇不同的計算折舊之方法。當公司選擇不同的折舊方法時，將產生不同的折舊費用金額，茲分述如下：

三、提列折舊的方法

公司選擇不同的折舊方法時，應能夠確實反映出不同型態的財產、廠房與設備等長期性有形資產之經濟效益被耗用的型態。

將長期性有形資產成本予以分攤到其耐用年限時，按國際財務報導準則之規範，公司有許多折舊方法可供選擇。其中最普遍被企業選擇的是：直線法 (Straight Line Method)、生產數量法 (Units of Production Method) 以及餘額遞減法 (Declining Balance Method)，茲分別說明如後。

以成功國際集團於 2016 年 1 月 1 日購入一部專門生產各式運動鞋的機器設備為例，具體說明不同折舊方法的計算方式。表 14–8 列示該機器設備提列折舊的相關資料如下：

表 14–8　成功國際集團取得機器設備之相關資料

購買成本	$625,000
減：估計殘值	(25,000)
可折舊成本	$600,000
估計耐用年限	
會計期間	5 年
生產數量	100,000 雙運動鞋

1. 直線法

當企業預期長期性有形資產在每一個會計期間內的使用狀況與耗用金額均為相同時，直線法所計算的折舊費用最能與資產所產生的收入相配合，則公司可選擇採用直線法提列折舊費用。在直線法下，資產於耐用年限內每一會計年度的折舊費用均為相同。

直線法的計算步驟如下：

(1)計算資產的可折舊成本，亦即將資產的原始取得成本減去殘值

(2)將可折舊成本除以估計的耐用年限

直線法的公式及其計算式如下：

$$\frac{\text{成本} - \text{估計殘值}}{\text{估計耐用年限}} = \frac{\$625,000 - \$25,000}{5\ \text{年}} = \text{每年}\ \$120,000$$

由於機器設備是在 2016 年 1 月 1 日購入，其原始取得成本為 $625,000，估計殘值為 $25,000，故原始成本減去殘值後的可折舊成本為 $600,000。因估計耐用年限為 5 年，則折舊率 (Depreciation Rate) 為 1/ 估計耐用年限，亦即 100% 除以耐用年限。以上例而言，折舊率為 20%（＝100% ÷ 5 年）。在直線法下將由 2016 年到 2020 年平均分攤折舊費用，故每年的折舊費用為 $120,000（參見表 14-9）。因此，成功國際集團在此三年的每年期末時，均須為機器設備提列折舊並編製以下的調整分錄：

2016 年

12 月 31 日　折舊費用 ……………………………………………　120,000

　　　　　　　累計折舊 ……………………………………………　　　　　120,000

　　　　　　（提列本年度折舊費用）

上述 $120,000 的折舊費用在財務報表應列為綜合損益表的營業費用項下，而 $120,000 的累計折舊則應列為財務狀況表下，機器設備項目的減項。

表 14-9　以直線法提列折舊之明細表

期間	綜合損益表			財務狀況表		
	可折舊成本[1]	折舊率	折舊費用	成本	累計折舊	帳面價值[2]
2016	$600,000	20%	$120,000	$625,000	$120,000	$505,000
2017	600,000	20%	120,000	625,000	240,000	385,000
2018	600,000	20%	120,000	625,000	360,000	265,000
2019	600,000	20%	120,000	625,000	480,000	145,000
2020	600,000	20%	120,000	625,000	600,000	25,000
合計			$600,000			

　　表 14-9 左側顯示：由於機器設備每年的帳面價值會因為提列折舊而減少 $120,000，由表 14-9 可以顯示出為何此方法被稱為直線法。

　　2016～2020 年期間，在綜合損益表上每年的折舊費用皆為 $120,000；右側顯示 2016～2020 期間，機器設備在財務狀況表上各年度期末的淨額，該淨額即為機器設備每年 12 月 31 日的帳面價值，其計算方式為機器總成本減去當年底累計折舊後的淨額。例如：機器設備在 2017 年期末的帳面價值為機器總成本 $625,000 減去當年底累計折舊 $240,000，故帳面價值為 $385,000，在財務狀況表的表達如下：

機器設備	$ 625,000
－ 累計折舊	(240,000)
＝ 帳面價值	$ 385,000

　　最後，由表 14-9 歸納出直線法的三項重點：

◆2016～2020 各年度的折舊費用金額均相同。

◆累計折舊為當年度與以前年度折舊費用之累積數。

---

1. $625,000 - $25,000

2. 帳面價值為成本減去累計折舊。

◆帳面價值將逐期遞減，直到降至殘值為止。

　　請注意：當機器設備使用到其預期耐用年限屆滿時（第 5 年末），累計折舊計為 $600,000，剛好等於可折舊成本 $600,000，使得第 5 年期末的帳面價值恰好等於殘值 $25,000。

2.生產數量法

　　當長期性有形資產在每一個會計期間的生產狀況或生產量有所差距時，則可選擇採用生產數量法。通常資產的生產數量會以行駛的哩程數、產品數量、機器時數等等作為表達。

　　營造廠商可能只使用建築設備一個月，而其他幾個月皆不使用，當資產設備在各會計期間的使用狀況有很大的變化時，由於生產數量法主要依照資產的實際使用情況提列各期的折舊費用，因此生產數量法將比直線法更能與所產生的收入相配合。

　　採用生產數量法計算折舊費用有兩個步驟：

⑴將資產總成本減去殘值後，再除以估計耐用年限內預期的總生產，計算出每單位產量應提列的折舊費用。

⑵將當期實際生產數量乘以每單位產量應提列的折舊費用，計算出當期應提列的折舊費用。

　　生產數量法的計算式如下所示，提示：成功國際集團第一年實際生產並銷售 15,000 雙運動鞋。

◆步驟一

$$單位折舊費用 = \frac{成本 - 殘值}{估計的總生產量} = \frac{\$625,000 - \$25,000}{100,000\ 雙} = 每雙\ \$6$$

◆步驟二

$$折舊費用 = 單位折舊費用 \times 當期實際生產數量$$
$$= \$6 \times 15,000 = \$90,000$$

　　若已知成功國際集團於 2016～2010 年期間，各年度實際生產且銷售的運

動鞋數量分別為：15,000 雙、18,000 雙、20,000 雙、22,000 雙以及 25,000
雙，則成功國際集團於 2016～2010 年期間以生產數量法提列折舊費用的金
額，第一年的折舊費用為 $90,000（15,000 雙，每雙 $6），第二年的折舊費用
為 $108,000（18,000 雙，每雙 $6），其他年度的計算依此類推（如表 14–10
所示）。

當公司選擇以生產數量法提列折舊時，下列幾點須加以注意：

◆折舊費用金額的多寡，完全取決於當年度的實際產量。

◆累計折舊為當年度與以前年度折舊費用之合計數。

◆資產的帳面價值會逐期遞減，直到等於耐用年限屆滿時的殘值為
止。

表 14–10　以生產數量法提列折舊之明細表

期間	折舊期間			期末	
	數量	單位折舊費用	折舊費用	累計折舊	帳面價值
2016	15,000	$6	$ 90,000	$ 90,000	$535,000
2017	18,000	6	108,000	198,000	427,000
2018	20,000	6	120,000	318,000	307,000
2019	22,000	6	132,000	450,000	175,000
2020	25,000	6	150,000	600,000	25,000
合計			$600,000		

當公司以生產數量法提列折舊費用時，其不同期間的折舊費用、累計折
舊、帳面價值，完全由公司的實際產量決定。

3.餘額遞減法

當長期性有形資產在使用初期較為有效率或能創造較多的效益，但其使
用後期該資產效能將逐漸遞減時，則可選擇採用餘額遞減法；此方法在報稅

時也被允許採用。由於此方法可加速折舊的報導，故又稱為「加速折舊法」(Accelerated Depreciation Method)。換言之，餘額遞減法在資產使用初期會多提一些折舊，而資產使用後期則會少提一些折舊。

　　在數種餘額遞減法中，企業較為普遍採用者為「倍數餘額遞減折舊法」(Double Declining Balance Depreciation Method)，簡稱 DDB 法，以直線法折舊率的兩倍作為倍數餘額遞減法的折舊率，再乘以期初的帳面價值，便得出當年度應提列的折舊費用金額。雖然美國的企業基於財務報導的目的，並不經常採用此方法；但是，其他如日本或加拿大等國家卻經常採用加速折舊法。

　　倍數餘額遞減法的計算式如下所示，請注意：應以資產的期初帳面價值乘以折舊率，切勿以可折舊成本計算。

$$折舊費用 =（成本 - 累計折舊）\times \frac{2}{估計耐用年限}$$

$$= 期初帳面價值 \times 折舊率$$

　　需特別注意的是，當公司採用倍數餘額遞減法時，此法的折舊率為直線法折舊率的兩倍。其計算折舊費用時，分為以下三個步驟：

⑴計算資產的直線法之折舊率。

⑵將上述折舊率乘以 2，即為倍數餘額遞減法的折舊率。

⑶將倍數餘額遞減法的折舊率乘以資產期初帳面價值，便得出當期應提列的折舊費用。

　　回到表 14-8 成功國際集團的機器設備，若以倍數餘額遞減法計算 2016～2020 年間的折舊費用，表 14-11 列示個別年度的折舊費用之計算，其計算步驟與計算式詳述如下：

1. 100% 除以 5 年，得出直線法的折舊率為每年 20%。

$$直線法的折舊率 = 100\% \div 耐用年限 = 100\% \div 5 年 = 20\%$$

2. 將 20% 乘以 2，得出的倍數餘額遞減法的折舊率為 40%。

$$倍數餘額遞減法的折舊率 = 2 \times 直線法折舊率 = 2 \times 20\% = 40\%$$

3. 每一年度均以 40% 的折舊率，乘以期初帳面價值，得出每一年度應提列的折舊費用金額。

折舊費用＝倍數餘額遞減法的折舊率 × 資產期初帳面價值

2016 年的折舊費用＝ 40% × \$625,000 ＝ \$250,000

2017 年的折舊費用＝ 40% × \$(625,000 − 250,000) ＝ \$150,000

2018 年的折舊費用＝ 40% × \$(625,000 − 250,000 − 150,000) ＝ \$90,000

2019 年的折舊費用＝ 40% × \$(625,000 − 250,000 − 150,000 − 90,000)

$$= \$54,000$$

2020 年的折舊費用＝ \$(625,000 − 250,000 − 150,000 − 90,000 − \$54,000)

$$- \$25,000$$

$$= \$56,000$$

　　倍數餘額遞減法的折舊費用計算如表 14–11 所示，其中除了 2020 年外，其餘年度的折舊費用均按照上述公式計算。換言之，每年的折舊費用金額皆以資產的期初帳面價值（成本減去累計折舊）乘以固定的折舊率（為直線法折舊率的兩倍），隨著資產年齡的增長，折舊費用的金額將隨之遞減。以資產購入第一年的 2016 年為例，因尚未提列折舊，故期初的累計折舊金額為零。然而，隨著歷年的折舊之提列，累計折舊金額逐年累計而增加，造成以倍數餘額遞減法計算的折舊費用呈現逐年遞減之現象。

　　值得需要格外特別注意的是：由於殘值並未列示於倍數餘額遞減法的折舊計算式當中，最後一年的折舊費用不應該直接按公式計算。亦即 2020 年應提列的折舊費用為 \$56,000，而不等於 \$32,400 (= 40% × \$81,000)。因為若以 \$32,400 作為 2020 年的折舊費用，那麼 2020 年資產的期末帳面價值則變成 \$48,600，將高於殘值 \$25,000。\$56,000 的計算方式是以資產第五年的期初帳面價值 \$81,000 直接減去 \$25,000 的殘值，使 2020 年期末提列折舊費用後的帳面價值剛好等於其估計的殘值 \$56,000。

表 14–11　以倍數餘額遞法提列折舊之明細表

期間	折舊期間			期末	
	期初 帳面價值	折舊率	折舊費用	累計折舊	帳面價值
2016	$625,000	40%	$250,000	$250,000	$375,000
2017	375,000	40%	150,000	400,000	225,000
2018	225,000	40%	90,000	490,000	135,000
2019	135,000	40%	54,000	544,000	81,000
2020	81,000	40%	56,000[3]	600,000	25,000
合計			$600,000		

四、折舊方法的比較

表 14–12 彙整並比較成功國際集團的機器設備在三種不同的折舊方法下，2016～2020 年期間報導的折舊費用、累計折舊與資產帳面價值之差異。

每一年度所提列的折舊費用金額取決於不同的折舊方法，使得每一年度在綜合損益表中所報導的本期淨利金額，亦取決於採用不同的折舊方法之結果。然而，在三種不同的折舊方法下，機器成本與殘值均各為 $625,000 與 $25,000，當機器設備在其耐用年限結束且折舊皆已計提完畢時，資產耐用年限內應提列的折舊費用總額卻是相同的，均等於可折舊成本；不同處在於折舊費用於耐用年限內的提列方式不同。

由表 14–12 顯示：直線法下的折舊費用每期的金額均相同，且直線法的資產帳面價值皆較倍數餘額遞減法來得高；而生產數量法則取決於每期的實際生產數量。

由於三種不同的折舊方法均具備系統性與合理性，因此，直線法、生產數量法以及倍數餘額遞減法均為國際財務報導準則所接受。

---

3. 2020 年的折舊費用為 $81,000 – $25,000 = $56,000（提列折舊費用後的帳面價值，不可低於殘值。）

表 14-12　不同折舊方法的比較

期間	直線法			生產數量法			倍數餘額遞減法		
	折舊費用	累計折舊	機器帳面價值	折舊費用	累計折舊	機器帳面價值	折舊費用	累計折舊	機器帳面價值
2016 期初			625,000			625,000			625,000
2016	120,000	120,000	505,000	90,000	90,000	535,000	250,000	250,000	375,000
2017	120,000	240,000	385,000	108,000	198,000	427,000	150,000	400,000	225,000
2018	120,000	360,000	265,000	120,000	318,000	307,000	90,000	490,000	135,000
2019	120,000	480,000	145,000	132,000	450,000	175,000	54,000	544,000	81,000
2020	120,000	600,000	25,000	150,000	600,000	25,000	56,000	600,000	25,000
合計	600,000			600,000			600,000		

　　針對不同類別的資產，公司可選擇採用不同的折舊方法。但隨著時間的經過，必須採用相同的折舊方法，以便財務報表的使用者進行跨期間的比較。

　　由於直線法的做法最淺顯易懂，故最為企業界青睞，且是最常被採用的方法。此外，當資產在其耐用年限內被平均地使用時，直線法也最能具體反映出折舊費用與當期收益之配合性；反之，當資產在其耐用年限內每一年度的使用狀況呈現劇烈波動時，則生產數量法變成最適當的選擇；最後，倍數餘額遞減法較能確實反映資產從最新且較具生產力的狀態，逐漸老舊或喪失功能的事實。

五、部分年度的折舊計算

　　企業很少會剛好在會計年度開始的第一天購入長期性有形資產，因此，必須計算不到一年的折舊費用。換言之，公司往往會在會計年度當中的任何時間點取得或處分資產，當公司並非在會計年度的一開始或期末取得或處分資產時，則實有必要以資產取得或處分時點占整個會計年度的期間比例，加以計算折舊費用。亦即在直線法與倍數餘額遞減法之下，部分年度的折舊

(Partial Year Depreciation) 費用為：每年應提列折舊費用乘以期間比例。

在生產數量法下不適用部分年度的折舊費用之期間比例的計算，這是因為此方法所提列的折舊費用的金額多寡，主要視當期的實際生產量而定。

為方便計算起見，一般而言會計人員通常假設資產是在月初購買。折舊費用是基於資產是在實際購買當月的 1 日取得之假設予以計算。

例如：若表 14-8 的成功國際集團於 2016 年 9 月 6 日取得並開始使用機器設備，會計年度結束日均為 12 月 31 日，已知機器設備的成本為 \$625,000，耐用年限為 5 年，殘值為 \$25,000。由於機器設備實際是在 2016 年取得並使用了 4 個月，因此，2016 年的綜合損益表上所顯示的折舊費用應該是未滿一年的金額。在成功國際集團的範例中，既然實際取得日為 9 月 6 日，則假設該機器設備的取得日為 9 月 1 日，這意味著 2016 年度的折舊費用係按直線法計提 4 個月，計算過程如下：

$$\frac{\$625,000 - \$25,000}{5} \times \frac{4}{12} = \$40,000$$

同理，當資產處分日係發生於會計年度的期間當中時，其折舊費用的相關計算方式與上述做法相同。

例如：若機器設備於 2018 年 6 月 20 日出售，2018 年的折舊費用的計算期間應為 2018 年 1 月 1 日起至 6 月 20 日止。其中提列未滿一年的折舊費用應計算至最近的一整個月，亦即：

$$\frac{\$625,000 - \$25,000}{5} \times \frac{6}{12} = \$60,000$$

有鑑於企業在財務報導的目標與所得稅報導之目的往往不同，故而在實務上，大多數的公司在會計紀錄時會選擇一種方法提列折舊，而在報稅時卻採用另一種方法提列折舊，因而產生所謂的內帳與外帳之兩套會計紀錄，此種現象並沒有違反道德或法令規範。

14-4 長期性有形資產的價值減損及對財務報表的影響

長期性有形資產在其耐用年限內，由於每年透過折舊費用的提列以分攤其成本，故資產帳面價值將逐期遞減。然而，由於折舊提列並無法充分反映資產的目前市場價值 (Current Market Value)，當長期有形資產的價值減損時，則資產的帳面價值有可能會超過其市場價值。

當事件或情況改變致使公司需透過未來的營運活動來恢復其資產價值時，則稱資產價值產生減損 (Impairment) 的現象。在此情況下，公司必須將資產的帳面價值沖減至與其市場價值相當的水準，該筆沖銷的金額便稱為資產的「價值減損」(Impairment Losses, Loss on Impairment)。該項價值減損應歸屬於綜合損益表中，來自正常營業活動項下的營業費用 (Operating Expense) 類別，如表 14–13 所示。

表 14–13　資產價值減損在財務報表之揭露方式

<table>
<tr><td colspan="3" align="center">千峰科技公司
部分財務狀況表
2016 年 12 月 31 日</td></tr>
<tr><td>資產</td><td></td><td></td></tr>
<tr><td>財產與設備</td><td>$ 845,000</td><td></td></tr>
<tr><td>累計折舊</td><td>(68,500)</td><td></td></tr>
<tr><td>財產與設備淨額</td><td></td><td>$776,500</td></tr>
</table>

千峰科技公司 綜合損益表 2016 年度	
銷貨收入	$ 868,000
銷貨成本	(520,800)
銷貨毛利	$ 347,200
營業費用	
薪資費用	80,000
折舊費用	12,500
資產價值減損	**200,000**
維修費用	3,500
總營業費用	$ 296,000
營業淨利	$　51,200

　　若千峰科技公司的財產與設備在 2016 年 12 月 31 日的市場價值已降至 $645,000，則該公司必須認列財產與設備的價值減損，金額為 $845,000 的帳面價值減去市場價值 $645,000，故 2016 年 12 月 31 日財產與設備的價值減損了 $200,000，應於日記簿記錄以下的資產價值減損分錄：

2016 年			
12 月 31 日	資產價值減損 ………………………	200,000	
	財產與設備 ………………………		200,000
	（認列本年度的資產價值減損）		

　　長期性有形資產在使用過程中，可能因某些變數致使其耐用年限的估計變得複雜。例如：資產使用過程中因耗損、毀壞，或因產能不足或過時陳舊等等。其中產能不足 (Inadequacy) 是指公司的長期性有形資產無法滿足公司營運過程中逐漸成長的生產需求；另外，過時陳舊 (Obsolescence) 則是因為新發明及改善，使得長期性有形資產不再具有生產產品或提供服務的競爭優

勢。因此，公司通常會在資產面臨到需求的變動、新發明、產量不足或過時陳舊無法使用時，再將資產進行處分，

以下將介紹長期性有形資產的處置之會計處理方式。

14-5 長期性有形資產的處置

在長期性有形資產的使用過程中，企業往往會主動決定不再繼續持有某些長期資產。例如：社區附近的運動休閒會館可能會決定以教練培訓來替代提供跑步機的服務功能；或是當公司決定不再繼續生產某類型產品時，則用以生產該產品的設備將會被出售。公司可能會將資產汰舊換新，並將舊資產在網路上賣給其他公司，或丟棄到垃圾場銷毀。

總之，長期性有形資產的處分通常基於以下的理由。例如：許多資產在其耐用期間屆滿後，由於資產已經磨損或老舊，故通常都會被報廢。而其他資產可能因企業原定計畫的改變而被出售，或被交換為另一項資產。無論何種因素，長期性有形資產的處分方式通常包括：報廢、出售或交換。這些折舊性資產 (Depreciable Assets) 的處分，通常需要下列的會計調整程序：

⑴更新折舊費用與累計折舊的金額直到處分日

若長期性有形資產是在會計年度當中予以處分，則必須先提列自期初日起至處分日止，這一段使用期間的折舊費用。

⑵記錄處分的分錄，並沖銷被處分資產的所有相關項目

⑶記錄收到或支付的現金或其他資產

⑷比較被處分資產的帳面價值及所收取價金之差額，以認列處分資產損益並入帳

表 14-8 顯示成功國際集團於 2016 年 1 月 1 日取得並開始使用機器設備，該機器的原始成本為 $625,000，估計耐用年限為 5 年，估計殘值為

$25,000，採用直線法提列折舊，故每年應提列的折舊費用均為 $120,000。若該公司於 2019 年 12 月 31 日決定出售該機器設備，截至 2019 年底機器設備已提列的累計折舊總計為 $480,000，使得出售日機器的帳面價值為 $145,000。

若資產處分日在會計年度當中，則必須先提列自期初起至處分日止的折舊費用，並更新資產至處分日的累計折舊。例如，成功國際集團決定於 2019 年 8 月 31 日出售該機器設備，則該公司必須先提列自 2019 年 1 月 1 日起至 8 月 31 日期間的折舊費用：

$$\$120,000 \times \frac{8}{12} = \$80,000$$

2019 年

8 月 31 日 折舊費用 ………………………………………… 80,000

　　　　　累計折舊——設備 …………………………… 80,000

　　（提列 8 個月的折舊 ($120,000 × 8/12)）

為了簡化計算，下列範例皆假設成功國際集團係於 2019 年 12 月 31 日出售機器設備。

關於出售資產的會計分錄之編製，則取決於出售資產時所收到的現金多寡，而有三種不同的認列資產處分損益的方式，茲分述如下。

一、以帳面價值出售

若成功國際集團於出售機器設備時，收到現金 $145,000，剛好等於機器設備的帳面價值 $145,000。因此，該項資產的處分並未產生任何損益，故於日記簿記錄的會計分錄如下：

2019 年

12 月 31 日 現金 ………………………………………… 145,000

　　　　　累計折舊——機器設備 ……………………… 480,000

　　　　　　機器設備 ………………………………………… 625,000

　　（出售機器設備，無任何損益產生）

二、高於帳面價值出售

若成功國際集團出售機器設備時，收到現金 $180,000，高於機器設備出售日的帳面價值 $145,000。因此，成功國際集團出售機器設備的利得為 $35,000。換言之，出售資產所得 (Proceeds) 與該資產帳面價值 (Book Value, BV) 之差異，為出售資產的利得 (Gain) 或損失 (Loss)。

表 14–14　成功國際集團出售機器設備之損益計算

處分資產所得		$180,000
減：出售資產的帳面價值		
成本	$ 625,000	
累計折舊	(480,000)	$145,000
出售資產的利得		$ 35,000

成功國際集團於 2019 年 12 月 31 日出售機器設備的分錄：

2019 年			
12 月 31 日	現　　金 …………………………………	180,000	
	累計折舊——機器設備 …………………	480,000	
	機器設備 ………………………………		625,000
	處分設備利益 …………………………		35,000
	（出售機器設備，產生利得）		

處分設備利益 (Gain on Disposal) 項目應歸屬於綜合損益表的「營業外收入與費用」項下，如表 14–15 所示。

表 14–15　處分資產利得在財務報表之揭露方式

成功國際集團 綜合損益表 2019 年度	
銷貨收入	$ 4,340,000
銷貨成本	(2,604,000)
銷貨毛利	$ 1,736,000
營業費用	
薪資費用	400,000
折舊費用	62,500
資產價值減損	100,000
維修費用	7,500
總營業費用	$　570,000
營業淨利	$ 1,166,000
營業外收入與費用	
**　處分設備利益**	**35,000**
本期淨利	$ 1,201,000

三、低於帳面價值出售

　　若成功國際集團出售機器設備時，收到現金 $120,000，低於機器設備的帳面價值 $145,000。則該項資產的處分產生 $25,000 的損失，故於日記簿記錄的會計分錄如下：

2019 年

12 月 31 日　現　　金 ……………………………………… 120,000

　　　　　累計折舊——機器設備 ……………………… 480,000

　　　　　處分設備損失 ………………………………… 25,000

　　　　　　　機器設備 ……………………………………… 625,000

（出售機器設備，產生損失）

　　處分設備損失 (Loss on Disposal) 項目應歸屬於綜合損益表的「營業外收入與費用」項下，如表 14–16 所示。

表 14–16　處分資產損失在財務報表之揭露方式

成功國際集團 綜合損益表 2019 年度	
銷貨收入	$ 4,340,000
銷貨成本	(2,604,000)
銷貨毛利	$ 1,736,000
營業費用	
薪資費用	400,000
折舊費用	62,500
資產價值減損	100,000
維修費用	7,500
總營業費用	$　570,000
營業淨利	$ 1,166,000
營業外收入與費用	
處分設備損失	**25,000**
本期淨利	$ 1,141,000

14-6 無形資產的取得、運用及處置之會計處理

無形資產是指供企業營運上使用的不具實際形體的長期性權利、特權或競爭優勢，包括：商標權、版權、專利權、技術、許可權、特許權、商譽、著作權等等。然而，無實體的資產卻不一定是無形資產，如應收票據與應收帳款亦不具實體，但並不屬於無形資產，因此，無形資產是透過法律文件而存在的。以下分別說明一般常見的無形資產種類。

一、無形資產的類型

1. 商標權

商標 (Trademarks, Trade Names, Brand Names) 是代表公司、產品或服務的一個名稱、標記、印記、音樂或口號，當公司行銷其產品時，通常會選擇一個用以表彰該產品或公司的獨特標誌，就像 Nike 的勾勾標記或麥當勞的金色拱門標記。

擁有商標權的公司便擁有使用該名稱、印記或標記的所有權與排外權，而該所有權是公司向政府的專利權辦事處申請登記的，如：若公司向美國專利權與商標辦公室 (U.S. Patent and Trademark Office) 申請的商標權登記，則以符號 ® 表示；未登記的商標權，則以符號 ™ 表示。

公司為發展、維持或強化商標價值的花費，應於發生時直接認列為當期費用；但是由公司所購買的商標權，則其購買的相關花費應「借記」為商標權項目，若該商標權有明確的耐用年限，爾後再逐期攤銷其成本並轉列為「攤銷費用 (Amortization Expense)──商標權」。

2. 著作權

著作權 (Copyrights) 賦予作者享有發布、使用以及銷售文學、音樂、藝術或戲劇作品的權利，我國著作權存續期間規定為終身及作者死後 50 年，著作權的成本應於耐用年限內予以攤銷。但多數著作權的耐用年限皆較上述期間為短。

舉例來說，你正在閱讀的這本書是具有著作權的，若你從這本書中影印幾個章節並將它們帶到課堂上使用，而未事先徵得著作權人的許可同意，則屬於非法的行為。

3.專利權

為鼓勵新科技、機器裝置或生產過程的新發明，專利權 (Patents) 是由政府授予專利所有權人，在 20 年期間內得以避免他人生產、銷售及使用的一項排外權。

當購買專利權時，相關的購買成本應借記為「專利權」項目，若擁有者透過訴訟以保護其專利權，則訴訟的相關花費也應借記為專利權項目。然而，研發專利權的相關成本則應在發生當期即認列為當期費用。

另一方面，許多專利權唯一可定義的成本為支付給專利權機構、政府或國際代理商認可的相關費用。若費用金額不高，則直接認列為費用項目；反之則資本化（認列為資產項目），再定期分攤其成本並借記「攤銷費用——專利權」項目。

4.技術

技術 (Technology) 包括軟體與網站開發的工作，許多公司會在相當短的期間，約 3 至 7 年內，耗用技術資產。

5.許可權

許可權 (Licensing Rights) 乃是根據特定的條款及條件，得以使用某項產品的有限權限。例如：一般的大學或學院可能已獲得許可權，以使電腦程式可於校園網路上使用。

6.特許經營權

特許經營權 (Franchises) 是一項合約權利，約定得以銷售特定的產品或服務、使用特定的商標，或在一個區域中執行特定活動。例如：企業得透過購買其他公司的特許經營權，以使用其他公司的名稱、商店風格或產品配方。

特許經營權支付的金額通常占對方公司營業額的 1.5%。

特許經營權的成本須借記「特許權」，屬於資產項目，且在不超過 40 年的協議年限內予以攤銷其成本。

7. 商譽

商譽 (Goodwill) 經常是許多公司最為常見的無形資產，其中包含了許多對於公司有利的項目。例如：有利的地理位置、已建立的客戶基礎、聲名遠播以及成功的商業運作模式等等。雖然許多公司可能會自行認列商譽，但一般公認會計原則 (GAAP) 並不允許公司在其財務狀況表中自行認列無形資產，除非該項無形資產係購自其他公司。

商譽在會計上具有特殊的意涵，其金額的認列為公司價值超過其淨資產的評估價值 (Appraised Value) 的部分，代表公司的整體價值除了淨資產外，尚須考慮其他的某些特質。這些特質可能是公司所具備的優越管理能力、訓練有素的工作力、良好的供應商及客戶關係、具品質的產品與服務，以及座落於良好地點或是存在其他競爭性的優勢等等。

二、無形資產的會計處理

1. 無形資產的取得

無形資產的會計處理與長期性有形資產相當類似，唯一的差別是，只有在無形資產是以購買的方式取得時，才能將購買的花費認列為無形資產的取得成本，並以取得成本入帳。此項法則適用於商標權、版權、專利權、許可權、特許經營權以及商譽。

若無形資產係由公司自行建造或內部自行開發，相關的花費通常於當期直接認列為「研究與發展費用」(Research and Development Expenses)，以避免公司任意宣稱其已發展了一項有價值的無形資產。

2. 無形資產的使用

長期性有形資產在購入後，資產於耐用年限內使用的會計法則，同樣適

用於無形資產。換言之，無形資產的成本必須在其估計耐用年限內有系統地分攤為費用。然而，針對無限或不確定耐用年限的無形資產，如：商標權，則其成本不必攤銷。

　　無形資產的攤銷與長期性有形資產的折舊以及自然資源的折耗相當類似，均是屬於成本的分攤過程，然而，除非公司可以證明其他方法較為適合，否則無形資產僅可適用「直線法」攤銷其成本。

　　有些無形資產會因為法律、契約或其他資產特性而有既定的使用年限，如：專利權或著作權。其他無形資產如商譽、商標權的耐用年限則不容易決定。雖然無形資產的成本係於預期使用的效益期間內攤銷，但無論是否可以永久使用，其耐用年限通常最多不可超過 40 年。此外，無形資產通常不會估計殘值。

　　假設精勤科技公司於 2016 年 1 月 1 日購買一項成本 $60,000、耐用年限 20 年的專利權，則此 20 年使用期間中的每年年底，該公司應於期末作以下的調整分錄，來攤銷其二十分之一的專利權成本：

2016 年

12 月 31 日　攤銷費用 ··· 3,000

　　　　　　　累計攤銷——專利權 ································ 3,000

　　　　　　（攤銷專利權的成本）

　　借方 $3,000 的攤銷費用，為專利權所提供的產品或服務之成本，應列於綜合損益表上的營業費用項下。

　　無形資產在財務狀況表上通常單獨列示，亦即列於長期資產之後。此外，公司通常會揭露無形資產的攤銷期間。

3. 無形資產的處分

　　如同長期性有形資產，無形資產的處分必須將其帳面價值沖銷，將所收到的資產（或價金）入帳，並認列相關的處分損益。若處分無形資產所收到的現金高（低）於其帳面價值時，則產生處分利得（損失）。

14-7 天然資源的會計處理

當一家公司第一次取得或開發一項天然資源時，該天然資源的取得成本應按成本原則予以認列。隨著天然資源的耗用，其取得成本將按照收入實現（配合）原則分攤至賺取收入之期間，稱為「折耗」(Depletion)，意味著天然資源在其耗用期間分攤其取得成本之過程。企業通常運用「生產數量法」(Units of Production) 計算折耗。

因此，折耗的概念如同本章前面針對有形與無形資產提列折舊與攤銷之概念相同。唯一的例外是：當林地 (Timberland) 等天然資源耗用時，公司獲得了原木之存貨。由於天然資源的耗用是獲得存貨之必要手段，因此，在一段期間內所計算的折耗必須被加到存貨成本中，而不是作為該期間之費用。例如，耗資 $1,060,000 的木材林地在其估計砍伐期間內將砍伐殆盡，而林地每年約 20% 的砍伐率，則該企業每年將產生 $212,000 之折耗。企業提列折耗費用對於會計恆等式的影響以及記載於日記簿的分錄列示如下：

資產		=	負債	+	股東權益
木材存貨	累計折耗	=			
+$212,000	−$212,000				
0		=			

2016 年			
12 月 31 日	木材存貨 ……………………………	212,000	
	累計折耗 ……………………………		212,000
	（提列當年度的折耗費用）		

如同累積折舊為設備資產之減項，「累積折耗」(Accumulated Depletion) 應從財務狀況表上的長期資產「木材林地」(Timber Tract) 中扣除。而「木材存貨」列為財務狀況表上的資產項目，直到出售為止，再將其成本將從財務狀況表上沖減，並在綜合損益表上認列已售出成本，稱為「銷貨成本」。

練習題

一、選擇題

1. 某機器 X1 年初購得，若耐用年限間，機器之生產量平均發生。則 X1 年底提列折舊時，採用下列那一個方法的折舊費用最大？
   (A)直線法
   (B)生產數量法
   (C)年數合計法
   (D)雙倍餘額遞減法　　　　　　　　　　　　　　105 年普考

2. 丁公司於 X10 年 1 月 1 日以 $3,000,000 購買煤礦一座，另支付挖掘隧道成本 $600,000 及架設管道成本 $400,000，估計蘊藏量為 600,000 噸，開採完後，其殘值為 $400,000，若 X10 年度生產 200,000 噸，則 X10 年度應計提折耗之金額為：
   (A) $866,667
   (B) $1,000,000
   (C) $1,066,667
   (D) $1,200,000　　　　　　　　　　　　　　　105 年初等

3. 丁公司於 X4 年初購入設備成本 $160,000，估計可用 5 年，殘值 $10,000，按使用年數合計法折舊及成本模式衡量。X6 年初發現該設備還可以再使用 5 年，殘值變動為 $5,000，丁公司並決定自 X6 年起改以直線法提列折舊，以反映該設備之實質使用狀況。下列會計處理何者錯誤（不考慮所得稅的影響）？
   (A) X4 年計提折舊 $50,000
   (B) X6 年初該設備帳面金額 $70,000
   (C)丁公司此項折舊方法、耐用年限及殘值的變動應以估計變動處理，X6 年應計提折舊 $13,000
   (D)丁公司財務報表需揭露新折舊方法之 X6 年純益，將比使用原折舊方法所計算出之純益低 $17,000　　　　　　　　　104 年稅務特考

4. 下列有關不動產、廠房及設備會計處理之敘述，何者正確？

⒜不動產、廠房及設備之會計處理應採重估價模式

⒝不動產、廠房及設備之折舊方法，在取得時一旦決定，應一致性地採用，不可變更

⒞不動產、廠房及設備之取得成本均應於耐用年限內依有系統之基礎分攤

⒟若不動產、廠房及設備選擇採重估價模式，則重估價應定期進行，以確保帳面金額與該資產於報導期間結束日之公允價值無重大差異

104 年稅務特考

5.甲公司在 X1 年初以 $35,000 購買一部機器，該機器正式運轉前，甲公司尚支付與該機器有關的支出有：運費 $3,000、廠區電線改裝費 $5,000、因人員操作不當而發生修理費 $4,500、第一年之保險費 $2,400。預估該機器可用 5 年，殘值為 $800，甲公司以直線法提列折舊及成本模式衡量。試問該機器 X2 年之折舊費用為多少？

⒜ $6,840

⒝ $8,440

⒞ $9,340

⒟ $9,820

104 年普考

6.甲公司於 X1 年 7 月 1 日購入一部機器，成本 $5,000,000，耐用年限 4 年，殘值 $500,000，該公司採雙倍餘額遞減法提列折舊，請問甲公司於 X2 年應提列折舊為：

⒜ $1,250,000

⒝ $1,875,000

⒞ $1,968,750

⒟ $2,500,000

104 年身心障礙

7.下列有關無形資產之敘述何者錯誤？

⒜無形資產是無實體形式的長期營業用資產，如專利權、商標權及商譽等

⒝以系統而合理的方法將無形資產成本轉為費用的過程稱為「攤銷」

⒞研究階段的支出因未來經濟效益不易認定，不得認列為無形資產，而應於發生時認列為費用

⒟企業創業期間因設立所發生之必要支出為「開辦費」，開辦費使企業得以

成立並營業，其效益長於一年，應資本化並逐年攤銷　104 年身心障礙

8. 若一項資產估計耐用年限為 6 年，無殘值。在其耐用年限第 2 年底將該資產出售，若使用年數合計法提列折舊，而不採用雙倍餘額遞減法，則對於處分資產的利得或損失有何影響？

(A)利益增加，損失增加

(B)利益增加，損失減少

(C)利益減少，損失增加

(D)利益減少，損失減少　104 年身心障礙

9. 下列與無形資產成本攤銷之說明，何者錯誤？

(A)在一般情況下，有限耐用年限無形資產之殘值，宜視為零

(B)若無形資產改變攤銷期間及攤銷方法，應依會計估計變動處理

(C)非確定耐用年限之無形資產不得攤銷

(D)若由非確定耐用年限改為有限耐用年限時，應追溯調整並進行減損測試

104 年身心障礙

10. 丙公司 X3 年 10 月 31 日購買一部印刷機器，簽發一張 6 個月期不附息票據，市場利率為 12%。丙公司 X3 年 12 月 31 日資產負債表上應付票據折價餘額為 $7,200。印刷機器估計耐用年限為 5 年，殘值為 $6,000，採用直線法提列折舊及成本模式衡量。試問 X3 年年底應提列折舊金額為多少？

(A) $5,800

(B) $8,700

(C) $9,800

(D) $11,800　104 年初等

二、問答題

1. 瑞家公司於 2016 年 1 月 1 日為添購新廠房的設備，分別支付現金 $22,080,000 購買機器設備、$1,488,000 購買運輸設備，另為這些設備支付現金購買運輸險 $240,000。此外，該公司估計在設備的使用年限中需要額外的動力能源，此將會增加公司的電費成本 $2,160,000。

試問：

瑞家公司在 2016 年 1 月 1 日應該將設備予以資本化的金額為多少？

2. 盛遠公司於 2014 年 1 月 1 日以現金 \$720,000 購買一臺機器設備，其估計耐用年限為 5 年、估計殘值為 \$28,800。當該設備使用到 2017 年 1 月 1 日時，公司發現該機器設備的估計耐用年限可以再延長 3 年的期間。

　　⑴若盛遠公司採用直線法提列折舊，試計算機器設備於 2017 年 12 月 31 日的帳面價值。

　　⑵編製 2017 年 12 月 31 日的折舊分錄。

3. 翼興公司於 2016 年 1 月 1 日購買一部價值 \$7,200,000 的全新車床設備，該公司估計這部車床設備的耐用年限約為 4 年，且在第四年底將可以 \$1,440,000 的價值出售。

　　⑴試分別以下列方法，計算翼興公司於 2016、2017、2018 及 2019 年度的折舊費用。

　　　⒜直線法。

　　　⒝倍數餘額遞減法。

　　⑵若你是翼興公司的財務主管，在以財務報導為目的之前提下，你將選擇哪一種折舊方法提列折舊？為什麼？

4. 隆華公司於 2016 年 1 月 1 日以現金 \$7,200,000 購買一套新的電腦系統，另支付 \$600,000 的裝置成本以及 \$240,000 用以訓練員工使用新系統。該公司估計這套電腦系統約有 5 年的耐用年限，估計殘值為 \$1,680,000。試完成下列事項：

　　⑴購買電腦系統的分錄。

　　⑵分別以下列方法，計算隆華公司於電腦系統的使用年限中，每一年的折舊費用。

　　　⒜直線法。

　　　⒝倍數餘額遞減法。

　　⑶隆華公司於 2019 年年底採用倍數餘額遞減法的分錄。

5. 富華公司於 2016 年 1 月 1 日以 \$2,400,000 現金購買一輛卡車，這輛卡車的估計耐用年限為 5 年，估計總共可行駛 200,000 公里，估計殘值為 \$480,000。該公司記錄卡車於 5 年的耐用年限內實際使用的里程數如下：

第一年	48,000 公里
第二年	35,000 公里
第三年	40,000 公里
第四年	25,000 公里
第五年	35,000 公里
第六年	10,000 公里

富華公司於使用後的第六年年底，將卡車以 $288,000 出售。

請以生產數量法編製卡車在使用年限中每一年的折舊費用分錄以及第六年年底出售的分錄。

6. 華居公司於 2016 年底的財務報表附註中，揭露該公司的長期性資產相關資訊如下：

辦公設備	$12,000,000	
減：累計折舊	7,200,000	$4,800,000

⑴若華居公司於 2017 年 1 月 1 日以現金 $11,280,000 出售所有的辦公設備，試作出售設備的分錄。

⑵若華居公司在 2017 年 1 月 1 日以現金 $2,880,000 出售所有的辦公設備，試作出售設備的分錄。

7. 盛遠公司於 2016 年 1 月 1 日以 $600,000 購買一套機器設備，這套設備估計有 5 年的耐用年限、估計殘值為 $120,000，該公司採用倍數餘額遞減法提列折舊。

⑴計算盛遠公司於機器設備的使用年限中，每一年的折舊費用。

⑵若盛遠公司使用機器設備 3 年後，將該設備報廢，試編製報廢設備的分錄。

⑶若盛遠公司使用機器設備 5 年後，將該設備報廢，試編製報廢設備的分錄。

⑷若盛遠公司使用機器設備 3 年後，將該設備以 $192,000 出售，試編製出售設備的分錄。

8. 華居公司於 2016 年期初以現金 $288,000 購買運輸設備，下列資訊取自該公司的財務報表。

財務狀況表	2016	2015
運輸設備	$900,000	$784,800
減：累計折舊	422,400	343,200
帳面價值	$477,600	$441,600

綜合損益表	2016	2015
折舊費用	$172,800	$163,200
處分設備利得	50,400	0

(1)華居公司於 2016 年度，出售運輸設備的所得為多少？

(2)記錄華居公司於 2016 年度出售運輸設備的分錄。

9. 隆華公司於 2016 年取得專門生產新機器手臂的專利，下列資訊取自該公司的內部財務紀錄：

(a) 2016 年期間，隆華公司申請專利時支付了 $1,200,000 的法律與申請費用。

(b) 隆華公司於 2016 年期間，因控告其他公司違反專利權法，故產生了 $4,800,000 的法律訴訟費，這筆費用將於 2017 年支付。

此項專利於 2016 年 12 月 31 日生效，隆華公司估計這項專利將為公司未來 5 年期間帶來經濟利益，該公司的政策是在取得專利的當年度不予攤銷無形資產。

對於其他公司侵犯專利權的行為，若隆華公司已成功地捍衛其專利權，試完成以下事項：

(1)隆華公司於 2016 年 12 月 31 日的財務狀況表中，專利權的帳面價值為？

(2)隆華公司於 2017 年 12 月 31 日的財務狀況表中，專利權的帳面價值為？

(3)記錄隆華公司於在 2017 年 12 月 31 日攤銷專利權的分錄。

10. 承上題，對於其他公司侵犯專利權的行為，若隆華公司無法捍衛其專利權，試完成以下事項：

(1)隆華公司於 2016 年 12 月 31 日的財務狀況表中，專利權的帳面價值為？

(2)隆華公司於 2017 年 12 月 31 日的財務狀況表中，專利權的帳面價值為？

(3)記錄隆華公司於在 2017 年 12 月 31 日攤銷專利權的分錄。

11. 玉峰科技公司於 2016 年 7 月 15 日以 $6,000,000 購買一座配備完整的工廠，該公司所取得的資產包括：

資產	鑑定價格	殘值	耐用年限	折舊方法
土地	$1,600,000			不提列折舊
土地改良物	800,000	$　　　0	10 年	直線法
建築物	3,200,000	1,000,000	10 年	倍數餘額遞減法
機器設備	2,400,000	200,000	100,000 單位	生產數量法
總計	$8,000,000			

提示：機器設備分別於 2016 年及 2017 年生產 7,000 及 18,000 單位

試完成以下事項：

(1)分別計算各項資產之取得成本。

(2)計算各項資產於 2016 年及 2017 年提列的折舊費用，以及兩年的折舊費用之合計數。

12. 承上題，試完成以下事項：

(1)玉峰科技公司於 2017 年的最後一天,將使用了 5 年的原有運輸設備予以報廢。該運輸設備的原始成本為 $120,000 （預計可使用 5 年）、殘值為 $20,000。已知報廢當年度的折舊費用尚未提列，試為該公司編製第五年的折舊費用（直線法）以及處分運輸設備的分錄。

(2)玉峰科技公司於 2017 年期初以現金 $1,000,000 購買一項專利權,預估專利權的使用年限為 10 年。試為該公司編製取得專利權以及當年度攤銷專利權的分錄。

(3)玉峰科技公司於 2017 年年底以現金 $6,000,000 取得一座礦藏，另額外花費 $800,000 建造道路及門柱，預估該礦產的殘值為 $200,000，估計有 330,000 噸的礦砂可供開採。玉峰科技公司於 2018 年開採並出售 100,000 噸的礦砂。試為該公司編製取得礦藏以及第一年度提列折耗的分錄。

13. 昌平公司於 2017 年初成立時，部分交易如下：

(a)購買房屋一棟，購價 $120,000，全部付現。耐用期限二十年，殘值

$4,000，根 據 政 府 課 稅 資 料，土 地 及 房 屋 之 評 價 分 別 為 $32,000 及 $48,000。

(b)現購辦公設備 $10,500，耐用期限七年，殘值 $1,050。

(c)支付上項辦公設備之運費 $140。

(d)上項辦公設備搬運時，不慎碰損，支付修理費 $300。

(e)現購土地一方，購價 $60,000，另付整理費用 $10,000，修建圍牆費用 $12,000。

試作下列事項：

(1)將上列交易作成分錄。

(2)列示 2017 年底應作之調整分錄。假定房屋採直線法折舊，辦公設備採年 數合計法折舊，土地改良物暫不折舊。

14.民昌公司 2017 年 1 月 2 日買進機器一部，成本 $180,000，耐用期限四年，可以生產 40,000 單位之產品，殘值 $20,000。

試用下列各種方法，計算每年的折舊費用：

(1)直線法。

(2)年數合計法。

(3)加倍餘額遞減法。

(4)生產數量法（四年之產量依次為 8,000、12,000、18,000 及 2,000）。

15.臺中公司於 2011 年 1 月 4 日購置甲機器一部，購價 $120,000，安裝費 $4,000，耐用期限十年，殘值 $20,000，採用直線法折舊。

2014 年 7 月 1 日該公司將甲機器大修一次，計付現金 $22,400，大修後估計此一機器可再使用八年，殘值 $10,000。

2018 年初，重新估計，認為甲機器僅可再用三年，殘值 $12,250。

2020 年 9 月 1 日該公司將甲機器換入乙機器一部，另付現金 $140,750。乙機器耐用期限八年，殘值 $15,000，假定交易不具商業實質。

試根據上述資料，作成下列各日期臺中公司應作之有關分錄：

(1)2011 年 1 月 4 日

(2)2012 年 12 月 31 日

(3)2014 年 7 月 1 日

⑷ 2014 年 12 月 31 日

⑸ 2018 年 12 月 31 日

⑹ 2020 年 9 月 1 日

⑺ 2020 年 12 月 31 日

16. 試說明下列各項支出入帳時應如何處理（作為成本或費用）。

⑴ 支付 $75 取得新卡車之牌照。

⑵ 支付土地仲介費 $150,000。

⑶ 為蓋新辦公大樓，拆除購入土地之舊屋，支付 $150,000。

⑷ 新房屋停車場及下水道之建立，共支付 $120,000。

⑸ 新機器之裝置費 $800。

⑹ 新卡車一年之意外保險費 $8,000。

⑺ 機器安裝時，因工人之疏忽，機器受損，支付修理費 $3,000 予以修復。

⑻ 機器之運費 $2,000。

⑼ 申請建築執照，規費 $5,000。

17. 下列為有義公司 2017 年所發生之部分交易：

⑴ 9 月 1 日購買土地一方，地上有舊屋一幢，雙方同意土地價值 $1,000,000，房屋價值 $200,000。2017 年度之地價稅按雙方土地所有權之持有時間分配，原土地所有人負擔 $19,200，由有義公司在價款中先行扣除，代為支付。

⑵ 舊屋對有義公司並無用途，該公司於 10 月 1 日將舊屋拆除，支付費用 $25,000，而拆屋所獲舊料售得 $8,000。

⑶ 10 月 20 日公司購買新磚及其他材料 $50,000，並支付工資 $18,000，於土地上建造磚牆一道。

試作上述三項交易之分錄。

第十五章

負　債

前　言

　　一般的上市櫃公司通常會定期收到諸如標準普爾 (Standard & Poor's)、惠譽 (Fitch) 或穆迪 (Moody's Investors) 等國際知名信用評等機構之信用評等報告。這些信用評等機構對於公司的信用評等過程與一般個人有所不同。具體而言，信評機構主要在於評等該公司是否具備及時支付負債的能力。此外，信用評等的範圍由 AAA 級到 D 級的區分等級。若公司具備健全且穩健的財務狀況，則會獲得 AAA 級的信用評等；反之，若公司僅能支付其所賒欠債務的一半以下，則信評機構會給予公司 D 級的信用評等。若公司的信用評等為 BBB 級以上，則可視為一個信用良好的公司，其發行的債券被視為投資級的債券；反之，若在 BB 級以下，公司發行的債券將被視為垃圾級債券。

　　本書的前面章節曾介紹過應付帳款、應付票據、應付薪資以及預收收入等負債項目。本章將對上述負債項目的會計處理程序作更進一步的解釋，同時也將介紹與應付稅捐、應付薪資、應付休假給付、長期負債以及或有負債等相關的負債。本章的重點在於定義、分類、衡量、解釋與分析負債類項目，以及上述項目如何影響公司的信用評等，以期為公司的決策制定者提供有用的資訊，進而瞭解與個人的信用評等相關的資訊。

學習架構

- 說明負債在公司融資過程中所扮演的角色。
- 解釋一般常見的流動負債的類型與會計處理。
- 分析並記錄應付公司債以及溢折價的攤銷之會計處理問題。
- 說明或有負債的特性，及其對財務報表的影響。

15-1 負債的定義、特性與種類

以下說明負債的定義與重要特性，並分析負債在公司融資過程中所扮演的角色以及其在財務報表的表達方式。

一、負債的定義與特性

負債是指公司經由過去的交易或事項因而在目前所產生的經濟義務，必須於未來透過移轉資產或提供勞務的方式予以償還，故將會犧牲未來的經濟利益。

由上述定義歸納出負債應具備的三項特性（如圖 15-1 所示）：

◆由過去的交易或事項所產生。

◆產生目前負擔的經濟義務。

◆未來必須透過移轉資產或提供勞務的方式予以償還的義務。

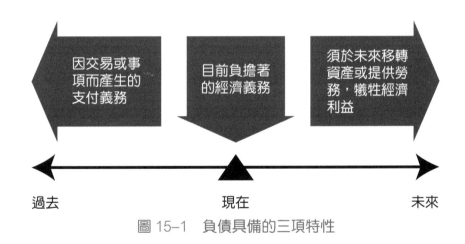

因交易或事項而產生的支付義務　　目前負擔著的經濟義務　　須於未來移轉資產或提供勞務，犧牲經濟利益

過去　　　　　　現在　　　　　　未來

圖 15-1　負債具備的三項特性

由圖 15-1 的負債所具備的特性顯示：並非所有的預期未來必須支付的款項均屬於負債的範圍。例如：公司預期在未來幾年擬支付的員工薪資，由於目前員工尚未實際提供勞務，致使公司必須負擔一筆未來償付的經濟義務。因此，並非所有的在預期未來擬支付的款項均屬於公司的負債。相反地，若員工已提供勞務並賺得薪資時，則公司才真正已產生未來應給付的義務——負債。

二、負債在公司融資過程中所扮演的角色

　　當公司以賒欠的方式購買商品或勞務、獲取短期借款以填補現金流量的缺口，或是為了開拓新市場而發行長期公司債券以獲取資金時，上述情況皆會使公司產生未來應償付的義務，也就是負債。

　　自 2008 年爆發了全球金融海嘯以來，負債對於公司的重要性尤為顯著，例如：當銀行限制公司的貸款活動或供應商緊縮公司的信用條件，公司便會開始出現倒閉潮。因此，為了讓財務報表使用者充分了解何時必須償還負債，大多數的公司會編製「分類後的財務狀況表」（如表 15–1 所示）。

表 15–1　美美食品公司之財務狀況表

美美食品公司
財務狀況表
2017 年 12 月 31 日

（單位：仟元）

資產		負債與股東權益	
流動資產		**流動負債**	
現金與約當現金	$14,800	應付帳款	$28,400
應收帳款(淨額)	29,000	應計負債	36,600
存貨	31,000	應付票據	12,000
預付費用	11,200	長期負債屬流動的部分	28,800
流動資產小計	$ 86,000	**　流動負債小計**	**$105,800**
長期投資	77,600	長期負債	118,600
財產、廠房與設備（淨額）	172,000	其他負債	66,800
商譽	100,000	**總負債**	**$291,200**
其他資產	17,600	**股東權益**	**162,000**
總資產	**$453,200**	**負債與股東權益總額**	**$453,200**

由表 15-1 列示的美美食品公司之財務狀況表顯示：該公司於 2017 年的會計年度終了時，總資產計為 453,200 仟元，融資來源包含負債總額 291,200 仟元、股東權益 162,000 仟元。美美食品公司與其他大多數的公司一樣，「負債」在公司的融資過程中，往往扮演一個相當重要的角色。其中流動負債 (Current Liabilities) 為公司必須於一年或一個營業循環（以兩者中較長者為準）以內予以償還的短期義務。在實務上，通常被簡化為必須在一年內償還的義務，則歸屬為流動負債。換言之，表 15-1 所顯示的美美食品公司在明年內必須償還的短期義務為 105,800 仟元，另外的長期負債 (Long-term Liabilities)118,600 仟元與其他負債 66,800 仟元則必須於較長的期間償付。

一般會計慣例通常很少將這些長期負債賦予一個專屬的獨立會計項目，而是統稱為非流動性負債或長期負債。

三、負債的種類

由表 15-1 的美美食品公司之財務狀況表顯示：該公司擁有各類型的負債。一般而言，財務狀況表所揭露的每一類負債金額，通常由下列三項因素所構成：

1.產生負債的初始金額

一開始肇因於某一項交易或事件的發生，因而產生的賠償責任金額，同時債權人也將接受的現金給付，公司便產生負債。

2.積欠債權人的額外金額

由於公司購買商品或勞務、或預先收取顧客的款項，或隨時間經過而產生利息費用時，則公司便產生額外的給付義務。因此，負債便同時增加。

3.給付或提供給債權人勞務

當公司給付或提供給債權人勞務時，負債便會減少。

值得注意的是，由於利息唯有隨著時間的經過而產生，故公司記錄的負債金額應以該負債發生時的初始金額入帳，而不應包含利息費用。換言之，

當公司賒購商品或收到借款的當天，尚未發生的利息費用不應入帳。

15–2 流動負債

　　流動負債是指公司必須在一年或一個營業循環內（以較長者為準），以流動資產或其他流動負債予以償還的義務。實務上，公司因正常營業活動所產生的短期償付義務，大多屬於流動負債，一般公司常見的流動負債項目包括：應付帳款、應付票據、應付員工薪資、應付利息、應付所得稅、產品保證負債、應付租賃款、預收收入以及應付水電費等等。

　　然而，其他非因正常營業活動而產生，仍必須於一年內償還的義務，實務上通常也會被歸屬於流動負債之列，例如：銀行透支、長期負債將於一年內到期的部分。

　　表 15–1 的財務狀況表將負債區分為長短期，將使得與負債相關的資訊更為有用，進而協助決策者了解負債將於何時到期，以便事先規畫並採取適當的行動。

　　以下分別說明表 15–1 列示之不同類型流動負債，及其會計處理方式：

一、應付帳款

　　當公司因正常營業活動自供應商處賒購商品或勞務時，便產生應付帳款 (Accounts Payable)，亦即增加應付帳款項目，應將該項目記在貸方；而公司通常在一年或一個營業循環期間內償還應付帳款，使得應付帳款減少，應將應付帳款項目記在借方。應付帳款除非已逾期仍未清償，否則通常不另計利息。

　　關於應付帳款的入帳時點與入帳金額之認定，應視商品所有權是否已移轉而定。亦即當買方自供應商處賒購商品或勞務時，若商品的所有權已正式移轉且已收到發票時，便應入帳。舉例來說，若進貨條件為起運點交貨，當供應商將商品交付運送人時，則商品的所有權便已移轉，在啟運點時買方應立即認列應付帳款。反之，若進貨條件為目的地交貨，則買方應俟商品運送到達目的地且驗收後，才能認列應付帳款。有關應負帳款的會計處理在買賣業相關章節中已詳細說明，茲不再贅述。

二、應計負債

　　本書的前面章節曾說明公司在會計年度結束時，如何運用調整分錄記載已發生但尚未支付的費用，例如：當公司在當期會計年度中已發生但尚未支付給員工的薪資或工資，則應借記薪資費用、貸記應付薪資。

　　同樣的調整事項也會發生在其他已發生但實際尚未支付的利息費用、所得稅費用等等肇因於上述應計之調整事項。因此，當公司產生一些應付而尚未支付的負債項目，例如：應付薪資、應付利息、應付所得稅、應付水電費、應付租金等等時，則統稱為應計負債 (Accrued Liabilities)。

　　綜言之，應計負債是公司認列未來期間將付款的應付而未付費用，故應計負債又稱為應計費用 (Accrued Expenses)。應計負債涵蓋各項尚未支付的費用，包括：廣告費、租金、所得稅、利息、薪資稅、產品保證等等。若項目繁多，公司通常會另於財務報表的附註中揭露，如表 15–2 所示。

表 15–2　美美食品公司應計負債之附註明細表

應付廣告費	$12,800
應付薪資	8,400
應付薪資所得稅	5,000
應付勞健保費	2,800
應付所得稅	7,600
應計負債總計	$36,600

1.應付薪資

　　應付薪資泛指企業積欠且應付給員工的薪資及工資酬勞。按相關的法令規定，企業（雇主）須按月代扣員工薪資總額的一部份，如：薪資所得稅以及勞健保費等等，由雇主代為繳交給稅捐機關。站在企業的立場，在繳交代

扣款項前，應先將這些代扣款項記錄於指定的流動負債項目。

　　員工薪資給付總額 (Employees' Gross Earnings) 係指員工所賺得的薪資
總額，通常包括未扣除稅捐等減項的薪資、佣金、紅利及其他報酬。企業將
給付員工的薪資總額扣除所有薪資減項 (Payroll Deductions) 後之淨額，稱為
給付淨額 (Net Pay)，又稱為實領金額。其中員工薪資減項，又稱為代扣款
項，係指員工薪資給付總額中按法令規定需扣減或員工自願扣減而未發放的
部分，前者來自所得稅 (Income Tax) 及勞健保費用等法令規定，後者包括員
工退休金或醫療計畫提撥、工會會費、停車費、以及對慈善機構的捐贈等等。
由於企業（雇主）必須將代收員工薪資減項的金額代為繳交給指定的機構，
故而在繳交前，企業必須將員工薪資減項認列為流動負債。

　　例如：美美食品公司於 2017 年 11 月 30 日記載 11 月份的員工薪資費用
總計 $16,200，並代扣員工的薪資所得稅 $5,000 以及代扣勞健保費 $2,800，
應作以下的分錄：

2017 年

11 月 30 日	薪資費用	16,200	
	應付薪資所得稅		5,000
	應付勞健保費		2,800
	應付薪資		8,400

　　　　　　（代扣員工的薪資所得稅 $5,000 及代扣勞
　　　　　　健保費 $2,800 後，支付員工薪資 $8,400）

　　美美食品公司於 2017 年 12 月 5 日支付員工 11 月份的薪資費用時，則借
記：應付薪資、貸記：現金，應支付薪資淨額為 $8,400，應作以下的分錄：

2017 年

12 月 5 日	應付薪資	8,400	
	現金		8,400

　　　　（支付員工 11 月份的薪資 $8,400）

2.應付所得稅 (Accrued Income Taxes)

　　若公司在會計年度結束時，經結算後確定為獲利，則應依法於年底申報並於第二年度繳納營利事業所得稅。

　　例如：美美食品公司於 2017 年 12 月 31 日結算時，依規定核算應繳納的營利事業所得稅費用總額為 $7,600，故按規定於年底申報 2017 年應繳納營利事業所得稅 $7,600，申報應做以下的分錄：

2017 年
12 月 31 日　所得稅費用 ·· 7,600
　　　　　　　　應付所得稅 ··· 7,600
　　　　　　（申報 2017 年的營利事業所得稅 $7,600）

美美食品公司於 2018 年 3 月 31 日繳納營利事業所得稅時分錄如下：

2018 年
3 月 31 日　應付所得稅 ·· 7,600
　　　　　　　　現金 ··· 7,600
　　　　　　（繳納 2017 年的營利事業所得稅 $7,600）

三、應付票據

　　應付票據 (Notes Payable) 係由發票人所開立且承諾在一年或一個營業週期內（以較長者為準），無條件支付一定金額給受款人的書面憑證，通常透過開立本票 (Promissory Notes) 或遠期支票的形式成立，這些以書面方式所約定的支付憑證如同支票般具有轉讓性質，可透過背書轉讓給其他個體。

　　一般商業上的應付票據通常因購貨、借款或展延應付帳款而產生，分為附息與不附息兩種。公司因正常營業活動，如賒購商品或勞務時，或簽發票據以展延原有的應付帳款之付款期間時，因而簽發的應付票據通常因到期日在一年或一個營業週期內，故依會計原則的規定，因正常營業活動所產生的短期應付票據通常不附息，可直接以票據「面額」予以借記：存貨、貸記：

應付票據。

　　公司因正常營業活動與非營業活動而產生的應付票據，應分別列示。非正常營業活動而產生的應付票據須額外支付票據持有期間的利息，則應付票據應按現值評價，例如：向銀行融資借款所簽發的本票，通常借款人必須額外負擔借款期間的利息費用，則應付票據應以折算的現值入帳，且應分別列示附載利率條件下之應付利息。

　　當公司產生應付票據時，其會計處理事項包括以下四項交易紀錄：

⑴開立應付票據

⑵產生應計而未付之利息費用

⑶記錄支付利息費用

⑷記錄應付票據之還本

　　假設美美食品公司於 2017 年 11 月 1 日向第一銀行融資借款 $12,000，故而開立一張票面金額 $12,000（表 15-1）、票面利率 6% 的一年期本票交付第一銀行，到期日為 2018 年 10 月 31 日。茲說明美美食品公司產生應付票據相關的交易事項之會計處理紀錄如下：

1.公司向銀行借款，開立應付票據

　　公司向銀行借款時，通常都會應銀行的要求簽發本票，作為日後銀行向公司要求還款的憑證，當票據到期時，若借款人必須償還的金額大於借款的金額，多出來的部分便是借款期間的利息。

　　通常在票據的票面上會載明到期日借款人應償還的本金(亦即借款金額)以及票面利率（利息），則在票據上面所列示的金額（面額）便是應付票據的本金。

　　美美食品公司於 2017 年 11 月 1 日向第一銀行融資借款 $12,000 時，產生了應付票據的流動負債，該筆短期借款的交易事項對會計恆等式的影響以

及會計紀錄之收現與負債分錄如下：

資產	=	負債	+	股東權益
現金 ＋ $12,000	=	應付票據 ＋ $12,000		

2017 年

11 月 1 日　現金 ……………………………………… 12,000

　　　　　　應付票據 ………………………………… 　　　12,000

　　　　　　（向第一銀行融資，開立一年期、6%、

　　　　　　面值 $12,000 的票據借款）

2.認列應計、但尚未支付的利息費用

　　隨著時間的經過，便逐漸產生了利息費用，在應計會計基礎之下，隨著時間經過而產生的利息費用必須加以認列。實務上，為簡化帳務處理起見，借款公司通常於期末始認列自發票日起至期末止，這一段會計期間的應計未計之利息費用。

　　以美美食品公司為例，該公司於 2017 年 11 月 1 日向第一銀行融資借款，開立票面金額 $12,000、票面利率 6% 的一年期應付票據之時間線如圖 15–2，因此，該公司於 2017 年 12 月 31 日應認列兩個月的利息費用。

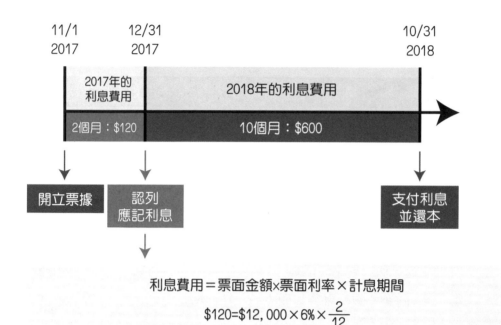

$$利息費用＝票面金額×票面利率×計息期間$$

$$\$120=\$12,000\times6\%\times\frac{2}{12}$$

圖 15–2　美美食品公司認列利息費用的時間線與計息方式

　　由圖 15–2 顯示，美美食品公司於 2017 年 12 月 31 日應認列兩個月的利息費用，其中利息費用的計算方式為：票據本金 $12,000 乘以票面利率 6%，再乘以該張票據當年度的流通期間 2 月 /12 月，為 $120。

　　茲說明該公司認列兩個月的利息費用對會計恆等式之影響效果以及會計分錄如下：

資產	=	負債	+	股東權益
	=	應付利息 + $120		利息費用 + $120

2017 年

12 月 31 日　利息費用 ……………………………………………… 120

　　　　　　　應付利息 …………………………………………………… 120

　　　　　　（認列第一銀行應付票據之本年度已發生利息

　　　　　　　費用）

3.記錄公司支付利息

　　由圖 15–2 顯示：美美食品公司應於 2018 年 10 月 31 日償還票據的本金以及一年期的利息費用。雖然公司可能較為傾向將兩者合併開立一張取款單一次償付，為有助於初學者釐清本金與利息的金額，本書仍建議本金與利息費用分開支付較為清楚。以下首先說明到期時支付利息的會計處理方式。

　　一年期的利息費用為 $720，由圖 15–3 的時間線顯示，其中 $120 屬於 2017 年底的應付利息，另外 $600 屬於 2018 年發生的利息費用。

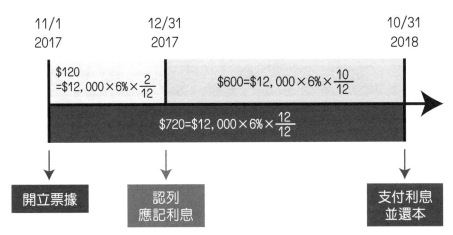

圖 15–3　美美食品公司認列利息費用的時間線

　　茲說明美美食品公司於到期日償還一年期的利息費用，對於會計恆等式之影響效果以及會計分錄如下：

資產	=	負債	+	股東權益
現金 – $720	=	應付利息 – $120		利息費用 + $600

2018 年

10 月 31 日　利息費用 ⋯⋯⋯⋯⋯⋯⋯⋯⋯⋯⋯⋯⋯　600

　　　　　　　應付利息 ⋯⋯⋯⋯⋯⋯⋯⋯⋯⋯⋯⋯⋯　120

　　　　　　　　　現金 ⋯⋯⋯⋯⋯⋯⋯⋯⋯⋯⋯⋯⋯　　　720

　　　　　（支付第一銀行應付票據之一年期的利息費用）

4. 記錄公司支付本金

　　茲說明美美食品公司於到期日償還票據的本金，對於會計恆等式之影響效果以及會計分錄如下：

資產	=	負債	+	股東權益
現金 – $12,000	=	應付票據 – $12,000		

2018 年

10 月 31 日　應付票據 ⋯⋯⋯⋯⋯⋯⋯⋯⋯⋯⋯⋯⋯　12,000

　　　　　　　　現金 ⋯⋯⋯⋯⋯⋯⋯⋯⋯⋯⋯⋯⋯　　　12,000

　　　　　（償還第一銀行之應付票據本金 $12,000）

四、其他流動負債

1. 應付營業稅 (Sales Tax Payable)

　　許多國家大多針對公司銷貨售價的某一百分比予以課稅，稱為營業稅 (Sales Tax)。零售業者（賣方）通常會將這筆營業稅的負擔轉嫁給消費者（買方），亦即在銷貨時先向顧客收取此項營業稅款項，再於次月份繳交給相關的政府機構，通常每個月繳交一次。

如同之前的說明，當公司所代扣員工的薪資所得稅或勞保費用時，代扣款項應列為流動負債。同樣地，由於零售業者代扣並暫時持有此項應繳交給政府的營業稅款項，當公司代收營業稅時，在繳交給政府機構前，公司所代收的應付營業稅亦應列為流動負債，而不應作為公司的費用處理。因此，對於零售業者而言，上述代扣的營業稅款項應列為零售業者的流動負債。

假設美美食品公司於 2017 年 8 月 31 日以 $5,000 出售原料，營業稅率為 10%，則該公司代收營業稅對於會計恆等式之影響效果以及會計分錄如下：

資產	=	負債	+	股東權益
現金 + $5,500	=	應付營業稅 + $500		銷貨收入 + $5,000

2017 年

8 月 31 日 現金	5,500	
應付營業稅		500
銷貨收入		5,000

（出售原料 $5,000，公司代扣 10% 的營業稅 $500）

若美美食品公司於 2017 年 9 月 15 日繳付給政府營業稅，其對於會計恆等式之影響效果以及會計分錄如下：

資產	=	負債	+	股東權益
現金 – $500	=	應付營業稅 – $500		

```
2017 年
9 月 15 日　應付營業稅 ·································································　500
　　　　　　　現金 ···········································································　　　500
　　　　　　（繳交代扣的營業稅 $500 給予政府）
```

2.長期負債屬於流動的部分

　　若公司向外借款並承諾於兩年內償還，則該項借款應歸屬為長期負債，公司僅須將當年度已發生的應計利息認列為財務狀況表的流動負債項目。

　　然而，經過一年之後，該筆長期負債即將於一年內到期，則應把其轉列為流動負債項目；換言之，當公司的長期債務將於一年內到期時，將需要運用流動資產清償之，則公司在編製當年度的財務狀況表時，應將長期負債轉列為「一年內到期之長期負債」之流動負債項目表達。在會計處理上，並不需要另外編製一年內即將到期長期負債之轉帳分錄，只須在編製財務狀況表時予以適當的分類即可。

　　當公司的長期負債中包含一次到期與分期清償的部分，凡是符合上述條件將於一年內且一次到期的長期負債，應直接分類為流動負債；若為分期清償者，則亦應逐期轉列為流動負債。

　　以表 15–1 的美美食品公司為例，假設該公司於 2017 年簽發一張五年期的附息票據，面額 $147,400，該票據分期清償條件，係自 2018 年開始於每年 1 月 1 日逐期清償 $28,800。因此，當該公司於 2017 年 12 月 31 日編製財務狀況表時，屬於一年內即將到期的長期負債的部分總計有 $28,800，應轉列為流動負債，其餘的 $118,600 仍應列為長期負債。

15–3　長期負債

　　長期負債係指公司預期不需要在一年或一個營業循環內(以較長者為準)償還的負債，除了到期期間較長外，長期負債發生的緣由通常與流動負債相似。以表 15–1 美美食品公司為例，該公司於 2017 年 12 月 31 日的財務狀況表中報導之長期負債金額為 118,600 仟元。

公司一般較常發生的長期負債包括：長期應付票據 (Long-term Notes Payable)、遞延所得稅 (Deferred Income Taxes) 以及應付公司債 (Bonds Payable)，其中長期應付票據除了超過一年以上的到期期限之外，其性質皆如同短期應付票據，而遞延所得稅是指公司的應納所得稅稅額大於綜合損益表所認列的所得稅費用之部分。

本節主要介紹公司因融資行為而公開發行的長期債券之會計處理，稱為應付公司債。

一、債券之特性

有時候，政府機構或公司需要一筆龐大的資金以進行公共工程建設或大型計劃投資，因投資金額之龐大往往非單一放款人足以提供。例如：某建設公司需要十億元的資金以完成其新社區的造鎮計畫，若該公司想開立本票來舉借如此龐大的金額，通常單一家銀行不願意承擔這麼高的放款風險，故該建設公司通常選擇在公開市場以發行債券 (Bonds) 的方式，向成千上萬的投資大眾募集其所需求之十億元資金。

債券是一種金融工具，由發行機構所開立的書面憑證以兌現目前所收取款項之未來支付承諾，若由政府發行者，稱為公債；由一般公司組織發行者，稱為公司債，因此，公司債是由公司所發行的一種長期且附息票據型態之債券。

由於公司債如同普通股票一般，可劃分為較小的單位面值出售，通常按 $100,000 或 $100,000 的倍數發行，以吸引廣大的投資者購買，因此，站在債券持有人的立場，債券是一種投資工具；對於投資人而言，債券相較於銀行的定期存款，將約定定期給付更高的報酬利率，使得債券更易受投資人之青睞。

當公司發行債券後，債券便開始在公開市場買賣流通，如：櫃檯買賣中心，使得公司債具有高度的變現性。

二、債券之形式

一般公司發行的債券之書面契約，通常必須具備以下之要件：

⑴到期日 (Maturity Date)

約定具體的還款日期。

⑵票面金額 (Face Value)

到期日必須清償的金額，也可稱為「本金」(Principle) 或「面額」。在臺灣，一張公司債的票面金額通常為 100,000 元新臺幣。

⑶票面利率 (Stated Interest Rate)

票面上設定好的利率，通常以年利率之形式表達。

⑷計息方式與付息期間

例如每半年支付一次利息,利息的計算方式為: 票面金額乘以票面利率,再乘以計息期間。票面金額 $100,000，票面利率 5% 的公司債，發行公司每半年必須給付的利息費用為:

$$\$100,000 \times 5\% \times \frac{6}{12} = 2,500$$

三、債券之定價

由於經濟景氣變化之影響，使得債券發行的定價將產生超過面額或低於面額之情況，但債券的定價並不會影響付息日之利息計算。債券發行時，其發行價格並非發行公司或財務顧問所制定，而是由市場上的投資者所決定，債券的發行價格 (Issue Price) 代表投資者願意在發行日支付的金額，以換取發行公司承諾於債券存續期間內給付之金額。

在學理上，債券發行價格之計算是根據投資人未來將定期收取的利息所得以及到期還本的面額，按市場利率折現之現值 (Present Value)。

當公司發行公司債時，通常願意提供一個具市場競爭力的利率，然而，由於外部總體經濟環境之動態變化，往往使得公司債的設定票面利率與市場利率不同，進而影響了公司債的吸引力與定價。由於當公司債發行後，市場

的要求利率波動頻繁，故而影響公司債的市場價格，但是，市場上每日波動並不直接涉及到發行公司，因此不屬於公司的交易事項，發行公司無須作分錄，除非在極少數的情況下，例如：當債券首次在公開市場發行時，則發行公司應記錄其應付公司債之會計處理事項。

四、公司發行債券之會計處理

有關公司發行債券之會計處理，首先必須瞭解公司首次發行公司債時，由投資者身上所獲得的現金額度，該發行金額可能剛好等於面額 (At Face Value)，或是高於面額，或低於面額。

當公司發行公司債時，若其發行價格超過其面額，稱為「溢價發行」(At Premium)；反之，若發行價格低於面額，稱為「折價發行」(At Discount)。

以下說明當公司債以面額、溢價或折價發行時之會計處理。

1.按面額發行

若發發建設公司於 2018 年 1 月 1 日首次於公開市場發行 1,000 張、面額 $100,000 的公司債，發行價格為 100，故在發行日公司同時收到現金 $100,000,000。該公司發行公司債對於會計恆等式之影響效果以及會計分錄如下：

資產	=	負債	+	股東權益
現金 + $100,000,000	=	應付公司債 + $100,000,000		

2018 年

1 月 1 日　現金 ·································· 100,000,000

　　　　　　　應付公司債 ························· 100,000,000

　　　　　　（按 100 定價發行 1,000 張、面額
　　　　　　$100,000 的公司債）

2. 溢價發行

　　若發發建設公司於 2018 年 1 月 1 日首次於公開市場發行 1,000 張、面額 $100,000 的公司債，發行價格為 108.56，故在發行日公司同時收到現金 $108,560,000，代表發行日公司的總負債，其中 $8,560,000 為「應付公司債溢價」(Premium on Bonds Payable)。該公司發行公司債對於會計恆等式之影響效果以及會計分錄如下：

資產	=	負債		+	股東權益
現金 + $108,560,000	=	應付公司債 + $100,000,000	應付公司債溢價 + $8,560,000		

2018 年

1 月 1 日　現金 ·································· 108,560,000

　　　　　　　應付公司債 ························· 100,000,000

　　　　　　　應付公司債溢價 ····················· 8,560,000

　　　　　　（按 108.56 定價發行 1,000 張、
　　　　　　面額 $100,000 的公司債）

　　讀者一定會很好奇，為何公司債持有人願意以溢價購買？同樣的道理可以用來說明為何消費者願意多付出一些金額來搶購周杰倫演唱會或林書豪球賽之門票。當公司債的設定票面利率高於市場利率時，由於發行公司提供優

於市場的利率條件，投資人當然願意多付出一些金額予以購買，因而產生公司債溢價發行的情況。

3.折價發行

若發發建設公司於 2018 年 1 月 1 日首次於公開市場發行 1,000 張、面額 $100,000 的公司債，發行價格為 92.764，故在發行日公司同時收到現金 $92,764,000，代表發行日公司的總負債，其中為 $7,236,000 為「應付公司債折價」(Discount on Bonds Payable)。該公司發行公司債對於會計恆等式之影響效果以及會計分錄如下：

資產	=	負債		+	股東權益
現金 + $92,764,000	=	應付公司債 + $100,000,000	應付公司債折價 − $7,236,000		

2018 年

1 月 1 日	現金 ⋯⋯⋯⋯⋯⋯⋯⋯⋯⋯⋯⋯⋯	92,764,000	
	應付公司債折價 ⋯⋯⋯⋯⋯⋯	7,236,000	
	應付公司債 ⋯⋯⋯⋯⋯⋯⋯⋯		100,000,000

（按 92.764 定價發行 1,000 張、面
額 $100,000 的公司債）

為何發行公司願意以低於票面金額之折債方式發行公司債？答案是：若公司想要讓債券能夠順利發行出去的話，則公司必須按折債發行。因為當發行公司所設定的票面利率若為 8%，而其他金融機構所發行的債券之設定票面利率若為 12%，則投資人當然不會願意購買低票面利率的債券，除非發行公司降價求售，亦即低於票面金額才能如願售出。其中折價的部分便是由公司債的票面金額中予以扣減，故不會影響到公司將定期給付予投資者的利息費用以及到期日按面額還本的部分。

實質上，債券折債的部份便是債券發行日投資者額外賺取的價差，促使投資者的實質報酬相當於市場利率 (Market Interest Rate)，提升了投資者的實質報酬率。

綜上所述，投資者僅須比較公司債的設定票面利率與市場利率之差異，便可進一步決定公司債究係將以面額、議價或折價發行。換言之，當公司債的票面利率與市場利率相等時，則公司債將以票面金額發行。當公司債的票面利率大於市場利率時，則公司債將以溢價發行。當公司債的票面利率低於市場利率時，則公司債將以折價發行。

因此，站在投資者的立場，債券的發行價格應根據市場利率或有效年利率將未來現金流量折算現值。

茲以歐風公司為例，並參考附錄一的利率現值表，說明該公司發行債券之訂價方式。

歐風公司於 2019 年 1 月 1 日向長生財務公司借款 $115,829。歐風公司開立一張到期日為 2020 年 12 月 31 日、票面利率為 8%、票面金額為 $120,000 之本票給予長生財務公司。

1. 在下列的折現率下，分別計算票據未來現金流量之現值：

    (a) 8%

$$\$120,000 \times 0.8573 + 9,600 \times 1.7833 = \$120,000$$

    (b) 10%

$$\$120,000 \times 0.8264 + 9,600 \times 1.7355 = \$115,829$$

    (c) 12%

$$\$120,000 \times 0.7972 + 9,600 \times 1.6901 = \$111,889$$

2. 票據之有效年利率為多少？

    由於歐風公司於 2019 年 1 月 1 日向長生財務公司借款 $115,829，相當於以 10% 折現率計算之現值。因此，票據之有效年利率為 10%。

3. 若歐風公司最初借了 $120,000，則票據之有效年利率為何？

    若歐風公司於 2019 年 1 月 1 日向長生財務公司借款 $120,000，相當於以 8% 折現率計算之現值。因此，票據之有效年利率為 8%。

五、應付債券之報導

當公司公開發行債券時，公司債面額加上發行溢價或扣減發行折價，應於財務狀況表的負債類項下予以報導。茲以發發建設公司於 2018 年 1 月 1 日首次於公開市場發行 1,000 張、面額 $100,000 的公司債為例，分別說明當發行價格為 100、108.56 以及 92.764 時，該公司於當年度的財務狀況表之表達方式（如表 15–3 所示）。其中應付公司債的票面面額加上發行溢價或扣減發行折價後之金額，稱為帳面價值。

表 15–3　發發建設公司發行應付公司債時認列之帳面價值

溢價發行		平價發行		折價發行	
應付公司債	100,000,000	應付公司債	100,000,000	應付公司債	100,000,000
應付公司債溢價	8,560,000			應付公司債折價	7,236,000
帳面價值	108,560,000	帳面價值	100,000,000	帳面價值	92,764,000

六、利息費用

隨著時間的經過，應付公司債將產生利息費用 (Interest Expense)，與負債的存續期間相互配合。由於利息費用主要來自於融資活動，而非屬於營運活動，因此，利息費用應列示於綜合損益表的「營業外收入與費用」項目下。

1. 債券按面額發行之利息費用

當公司債係按面額發行，則發行公司計算與記錄利息費用的程序皆與應付票據相同。

以前述發發建設公司於 2018 年 1 月 1 日首次於公開市場發行 1,000 張、面額 $100,000 的公司債為例，若發行價格為 100，則該公司在發行日同時收到現金 $100,000,000。

發發建設公司所設定的票面利率為 6%，且約定每月的 1 日以現金給付

利息。若該公司於 2018 年 1 月 31 日編制財務報表，則該公司必須認列自 1 月 1 日起至 1 月 31 日止之應計未計的利息費用 $500,000。

$$\$100,000,000 \times 6\% \times \frac{1}{12} = \$500,000$$

因此，該公司於 2018 年 1 月 31 日應認列利息費用以及應付利息時，其對於會計恆等式之影響效果以及會計分錄如下：

資產	=	負債	+	股東權益
	=	應付利息 + $500,000		利息費用 − $500,000

2018 年

1 月 31 日	利息費用 ··	500,000	
	應付利息 ··		500,000
	（認列自 1 月 1 日起至 1 月 31 日止之利 息費用）		

若發發建設公司於 2018 年 2 月 1 日以現金給付利息，則該公司應沖減（借記）應付利息的負債，並減少（貸記）現金項目，其對於會計恆等式之影響效果以及會計處理紀錄如下：

資產	=	負債	+	股東權益
現金 −$500,000	=	應付利息 − $500,000		

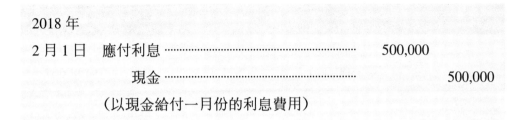

2018 年

2 月 1 日　應付利息 ……………………………………… 500,000

　　　　　現金 …………………………………………… 500,000

　　　（以現金給付一月份的利息費用）

2.債券溢價發行之利息費用

　　當公司債為溢價發行，則發行公司在發行日將收到超過到期日必須還本之現金，多出來的部分即為溢價發行的款項。以前述發發建設公司於 2018 年 1 月 1 日首次於公開市場發行 1,000 張、面額 \$100,000 的公司債為例，若發行價格為 108.56，則該公司在發行日同時收到現金 \$108,560,000，但到期日僅須償還 \$100,000,000。

　　其中公司債發行溢價 \$8,560,000 為發行公司之融資成本減項。在會計處理上，應將融資成本減項與認列利息費用的期間相互配合，此種分攤的過程稱為債券攤銷 (Bond Amortization)，透過公司債溢價分攤的過程，促使發行公司每期認列的利息費用小於實際支付的現金，同時，使得應付公司債溢價的項目逐期遞減。

　　若發發建設公司所設定的票面利率為 6%，且約定每月的 1 日以現金給付利息，該應付公司債的到期日為 2028 年 1 月 1 日。若該公司於 2018 年 1 月 31 日編制財務報表，且以直線法攤銷應付公司債溢價，則該公司必須認列自 1 月 1 日起至 1 月 31 日止之應計未計的利息費用 \$428,667。

$$\$428,667 = \$500,000 - \$71,333$$

$$= [(\$100,000,000 \times 6\% \times \frac{1}{12}) - (\$8,560,000 \div 10 \div 12)]$$

　　該公司於 2018 年 1 月 31 日認列利息費用以及應付利息時，其對於會計恆等式之影響效果以及會計分錄如下：

資產	=	負債		+	股東權益
	=	應付利息 + $500,000	應付公司債溢價 − $71,333		利息費用 − $428,667

2018 年

1 月 31 日　利息費用 ·· 428,667

　　　　　　　應付公司債溢價 ·································· 71,333

　　　　　　　　應付利息 ······································· 500,000

　　　　　　（認列自 1 月 1 日起至 1 月 31 日止之利

　　　　　　　息費用，並攤銷應付公司債溢價 $71,333）

　　隨著應付公司債溢價的逐期攤銷，當接近到期日時，則應付公司債的帳面價值將趨近於面額。若發發建設公司於 2018 年 2 月 1 日以現金給付利息，則該公司應沖減（借記）應付利息的負債，並減少（貸記）現金項目，其對於會計恆等式之影響效果以及會計處理紀錄如下：

資產	=	負債	+	股東權益
現金 −$500,000	=	應付利息 − $500,000		

2018 年

2 月 1 日　應付利息 ·· 500,000

　　　　　　　現金 ··· 500,000

　　　　　　（以現金給付一月份的利息費用）

3. 債券折價發行之利息費用

　　當公司債為折價發行，則發行公司在發行日將收到低於到期日必須還本

之現金，短少的部分即為折價發行的款項。以前述發發建設公司於 2018 年 1 月 1 日首次於公開市場發行 1,000 張、面額 $100,000 的公司債為例，若發行價格為 92.764，則該公司在發行日同時收到現金 $92,764,000，但到期日公司卻必須償還 $100,000,000。

其中公司債發行折價 $7,236,000 為發行公司之融資成本加項。在會計處理上，應將融資成本加項與認列利息費用的期間相互配合，此種分攤的過程稱為債券攤銷，透過公司債折價分攤的過程，促使發行公司每期認列的利息費用大於實際支付的現金，同時，使得應付公司債折價的項目逐期遞減。

若發發建設公司所設定的票面利率為 6%，且約定每月的 1 日以現金給付利息，該應付公司債的到期日為 2028 年 1 月 1 日。若該公司於 2018 年 1 月 31 日編製財務報表，且以直線法攤銷應付公司債折價，則該公司必須認列自 1 月 1 日起至 1 月 31 日止之應計未計的利息費用 $560,300。

$$\$560,300 = \$500,000 + \$60,300$$

$$= [(\$100,000,000 \times 6\% \times \frac{1}{12}) - (\$7,236,000 \div 10 \div 12)]$$

該公司於 2018 年 1 月 31 日認列利息費用以及應付利息時，其對於會計恆等式之影響效果以及會計分錄如下：

資產	=	負債		+	股東權益
	=	應付利息 + $500,000	應付公司債折價 – $60,300		利息費用 – $560,300

2018 年

1 月 31 日　利息費用	560,300	
應付公司債折價		60,300
應付利息		500,000

（認列自 1 月 1 日起至 1 月 31 日止之利息費用，並攤銷應付公司債折價 $60,300）

隨著應付公司債折價的逐期攤銷，當接近到期日時，則應付公司債的帳面價值將趨近於面額。若發發建設公司於 2018 年 2 月 1 日以現金給付利息，則該公司應沖減（借記）應付利息的負債，並減少（貸記）現金項目，其對於會計恆等式之影響效果以及會計處理紀錄如下：

資產	=	負債	+	股東權益
現金 － $500,000	=	應付利息 － $500,000		

2018 年

2 月 1 日　應付利息 ·· 500,000

　　　　　　　現金 ·· 500,000

　　　　　（以現金給付一月份的利息費用）

七、公司債於到期日贖回

大多數的應付公司債將於到期日按面額（本金）贖回 (Retirements)。若截至到期日所有的利息皆已支付，則發行公司僅剩下應付公司債的長期負債項目應予沖銷。

以前述發發建設公司於 2018 年 1 月 1 日首次於公開市場發行 1,000 張、面額 $100,000 的公司債為例，該公司於到期日時必須按面額償還 $100,000,000 之本金，其對於會計恆等式之影響效果以及會計處理紀錄如下：

資產	=	負債	+	股東權益
現金 － $100,000,000	=	應付公司債 － $100,000,000		

2028 年

2 月 1 日　應付公司債 ……………………………… 100,000,000

　　　　　　現金 …………………………………………… 100,000,000

　　　　　（應付公司債到期按面額贖回）

15-4 或有負債

　　或有負債 (Contingent Liabilities) 是指企業因過去已存在的交易或事項，導致未來可能發生事項而產生之潛在負債，其最終之結果 (Outcome) 將視未來的事件或狀況是否發生而定，故目前並不確定 (Uncertainty)。因此，或有負債與本章所介紹的其他負債之性質並不相同，因為未來事件是否發生之可能性有極大的不確定性。例如：由於過去已存在的交易或事項而產生訴訟的情事，而訴訟的結果端賴法院的最終判決而定，某些判決結果可能導致公司需支付龐大的賠償費。

　　此外，產品售後服務之保證、贈品、應收票據貼現、所得稅款爭議，保證等所發生之負債，均屬於或有負債之範疇。因此，公司若存在未決的交易或事項便具備或有負債之性質。一般而言，公司是否應償付或有負債，端視未來不確定狀況是否發生而定。

　　基於或有負債之不確定性，會計法則要求公司必須加以評估負債發生的可能性 (Probably)，以及負債金額是否可以合理估計 (Reasonably Estimable)。按負債發生的可能性高低，分為「很有可能發生」(Probable)、「有可能發生」(Reasonable Possible) 及「發生可能性極小」(Remote) 三種情況；而按負債金額是否可以合理估計，又可分為金額「能合理估計」及「無法合理估計」兩種狀況。

　　若負債很有可能發生且金額也能合理估計者，則該項估計負債必須入帳，亦即借記：費用項目、貸記：負債項目；反之，若有可能發生且金額無法合理估計者，則無須做正式的分錄，其相關的潛在負債或損失項目僅須於財務報表的附註中揭露即可；最後，若發生可能性極小，且金額無法合理估計者，則無須揭露（如圖 15-4 所示）。

綜言之，唯有符合特定條件（如：發生可能性很高且金額也能合理估計者）之或有負債才需要認列且入帳，如：估計產品保證負債 (Estimated Liability Under Warranty) 以及估計贈品負債 (Estimated Liability for Premiums)。反之，其他或有負債則通常於財務狀況表之附註中揭露。

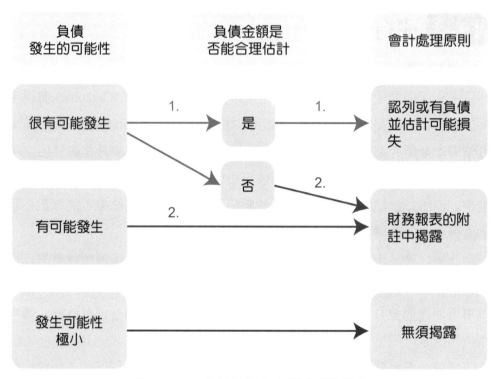

圖 15–4　或有負債之會計處理原則

1.負債很有可能發生，且金額能合理估計

以發發建設公司為例，若該公司於 2017 年 12 月 31 日尚有未決的訴訟案件，預期公司未來若敗訴將產生 $1,000,000 的罰款，因此，該公司期末須認列的或有負債之分錄如下：

2017 年

12 月 31 日　訴訟費用 ··　1,000,000

　　　　　　　應付帳款 ··　　　　1,000,000

　　　　　（認列未來很有可能發生之或有負

　　　　　債 $1,000,000）

2.負債有可能發生，但金額無法合理估計

　　發發建設公司於 2017 年 12 月 31 日尚有未決的訴訟案件，若公司未來敗訴將可能產生一筆罰款，但該筆罰款金額卻無法合理估計。則該公司必須於財務狀況表的附註中加以揭露該或有事項之資訊:「由於顧客控告本公司的產品有瑕疵，若干相關的法律行動、政府的調查程序等等正進行當中」。

　　視未來訴訟情況之變化，上述或有事項有可能會被認列為負債、或從此消失。

練習題 ▶

一、選擇題

1. 甲公司和跨國公司企業進行專利權之訴訟官司，很有可能敗訴而賠償的金額在 $20,000,000 到 $150,000,000 之間，最可能發生之金額為 $90,000,000。試問甲公司應提列多少負債準備？

   (A) $20,000,000

   (B) $90,000,000

   (C) $150,000,000

   (D)僅需附註說明　　　　　　　　　　　　　　　　　　　105 年普考

2. 甲公司於 X0 年底向銀行舉借五年期抵押借款 $1,000,000，利率 10%，本息償付方式為自 X1 年起至 X6 年止，每年之 6 月 30 日與 12 月 31 日償付 $129,505 共十次。關於該借款，該公司於 X2 年應認列之利息費用為（答案四捨五入至元）：

   (A) $59,010

   (B) $60,900

   (C) $79,319

   (D) $96,025　　　　　　　　　　　　　　　　　　　　　105 年普考

3. 甲公司 X0 年 1 月 1 日以 $217,000 購入 5 年期公司債，面額 $200,000，票面利率 7%，每年 12 月 31 日付息，甲公司另支付手續費 $320，有效利率為 5%。甲公司將該投資列為持有至到期日投資。試問該公司債投資 X0 年 12 月 31 日之帳面金額為：

   (A) $200,000

   (B) $204,000

   (C) $213,850

   (D) $214,186　　　　　　　　　　　　　　　　　　　　105 年普考

4. 甲公司於 X1 年 11 月 1 日共支付 $188,826 以購入面額 $1,000 公司債 200 張，該公司債票面利率 6%、有效利率 8%，每年 2 月 1 日及 8 月 1 日各付息一次，到期日為 X6 年 2 月 1 日。若甲公司持有該債券之目的係持有至

到期日，則 X1 年 12 月 31 日此公司債投資之帳面金額為（答案四捨五入至元）：

(A) $200,000

(B) $190,344

(C) $186,382

(D) $186,304　　　　　　　　　　　　　　　　　　　　105 年普考

5. 企業溢價發行債券時，下列有關債券會計處理之敘述，何者錯誤？

　(A)利息費用逐期減少

　(B)應付公司債之帳面金額逐期減少

　(C)溢價攤銷金額逐期減少

　(D)利息支付金額各期固定　　　　　　　　　　　　　　105 年普考

6. 甲公司預計於 X2 年 3 月 1 日發布會計期間結束日在 X1 年 12 月 31 日之年度財務報表，然而，有一筆七年期負債將於 X2 年 6 月 1 日到期，下列何種情形甲公司應將該負債分類為非流動：

　(A)於 X1 年 12 月 31 日將負債展期 8 個月

　(B)於 X1 年 12 月 31 日前公司未違反任何債務合約

　(C)於 X2 年 1 月 31 日將負債展期 12 個月

　(D)於 X1 年 11 月 30 日違反債務合約，該負債變成立即償還，但債權人於 X2 年 1 月 31 日同意展期 1 年　　　　　　　　　105 年初等

7. 甲公司 X3 年中發現乙公司侵犯該公司專利權，因此對乙公司提起訴訟，該公司法律顧問認為很有可能獲賠 $2,500,000，試問甲公司 X3 年財務報表上對該事件應如何處理？

　(A)認列 $2,500,000 的利益

　(B)附註揭露

　(C)認列 $2,500,000 的利益並予以附註揭露

　(D)不認列也不揭露　　　　　　　　　　　　　　　　105 年初等

8. 丙公司為一洗衣機製造商，銷售洗衣機時提供銷售日起一年內保固，對非個人因素損壞作免費維修，每台維修成本估計為 $300。X3 年丙公司共出售 1,200 台洗衣機，預估有 20% 會在保固期間內送修，其中 30% 為人為因

素損壞，70% 為產品瑕疵而損壞。試作最佳估計之負債準備：

(A) $0

(B) $21,600

(C) $50,400

(D) $72,000 105 年初等

9. 丙公司 X7 年原先預計在 5 月 1 日發行面額 $360,000，6 年期，票面利率 6%，每年 5 月 1 日和 11 月 1 日各付息一次的公司債，但丙公司一直到 9 月 1 日才售出，共收 $369,000 現金。試問 X7 年 9 月 1 日的市場利率應為多少？

(A) 無法判斷

(B) 低於 6%

(C) 等於 6%

(D) 高於 6% 105 年初等

10. 甲公司在 X6 年 12 月 31 日發行面額 $1,000,000、14%、10 年期的公司債券，在每年 6 月 30 日及 12 月 31 日支付利息。而發行當時市場利率為 12%，發行價格為 $1,114,900，則甲公司在 X7 年 6 月 30 日利息費用為：

(A) $70,000

(B) $3,106

(C) $66,894

(D) $63,788 105 年初等

二、問答題

1. 玖華百貨公司於 2018 年 12 月 1 日向華富銀行融資借款了 $462,000，同時簽立一張 90 天期、票面利率 15%、面額為 $480,000 之票據。

試問：

(1) 編製玖華公司於 2018 年 12 月 1 日之借款分錄。

(2) 編製玖華公司於 2018 年 12 月 31 日之調整分錄，並顯示應付票據於財務狀況表之揭露方式。

2. 申特公司為了節稅目的故將固定資產以加速法提列折舊，且為了財務揭露目的以直線法提列固定資產之折舊。該公司於 2018 年度，採加速法之折舊

費用為 $840,000, 而採直線法下之折舊費用為 $480,000, 當年度的應稅所得與稅前淨利分別為 $1,560,000 與 $1,920,000。

⑴若申特公司的會計所得稅率為 35%, 編製該公司於 2018 年度認列所得稅費用之分錄。

⑵若申特公司的會計所得稅率為 30%, 編製該公司於 2018 年度認列所得稅費用之分錄。

3. 下列為嘉興公司發行債券之票面利率與市場利率之資訊:

債券	票面利率 (%)	市場利率 (%)
1	10	10
2	7	8
3	9	8
4	11.5	9

分別說明上述每一種債券是以折價、平價或溢價發行?

4. 莊氏公司開立一張面額 $480,000 之五年期無付息票據, 交換一部公平市價為 $ 272,352 之機器設備。

⑴計算應付票據之有效年利率。

⑵編製購買機器設備之分錄。

⑶在購買機器設備之第一年度, 莊氏公司應認列多少的應付票據之利息費用?

⑷在第一年年底, 應付票據列示於財務狀況表之帳面價值為何?

⑸莊氏公司在第二年度認列之利息費用將會大於、等於或小於第一年度之利息費用?為什麼?

5. 錦聯公司於 2018 年 1 月 1 日開立一張面額 $192,000、兩年期且付息之應付票據, 其有效年利率為 8%, 票據利息為每年支付。
編製 2018 年度開立票據之相關分錄, 假設票面利率分別如下列所示:

⑴8%

⑵0%

⑶6%

6. 歐博公司於 2018 年 1 月 1 日向億生財務公司借款 $57,914。歐博公司開立一張到期日為 2019 年 12 月 31 日、票面利率為 8%、票面金額為 $60,000 之本票給予億生財務公司。

(1)在下列的折現率下，分別計算票據未來現金流量之現值：

(a) 8%

(b) 10%

(c) 12%

(2)票據之有效年利率為多少？

(3)若歐博公司最初借了 $60,000，則票據之有效年利率為何？

7. 思天公司於 2019 年 1 月 1 日發行面額 $48 億元之十年期債券，票面利率為 5%，有效年利率為 7%。

(1)計算債券之發行現金收入。

(2)計算債券於 2019 年之利息費用。

(3)說明為何這些債券在市場上的價格低於 $48 億元？

8. 廣博影印機公司於 2018 年 1 月 1 日發行 30 張，每張面額均為 $24,000 之債券。已知這批債券的票面利率為 10%、到期期限為十年，每半年付息一次，付息日分別為 6 月 30 日與 12 月 31 日，且債券以面額發行。

(1)編製 2018 年 1 月 1 日之債券發行分錄。

(2)編製有關債券於 2018 年度之所有分錄。(不包括發行的分錄)

(3)分別計算債券於 2018 年及 2019 年 12 月 31 日，在財務狀況表中應揭露之帳面價值。

(4)使用有效年利率，分別計算債券於 2018 年及 2019 年 12 月 31 日剩餘現金流量之現值。

9. 巨達公司於 2019 年 7 月 1 日發行 500 張五年期的債券，每張債券之面值為 $24,000。已知這批債券的票面利率為 6%，每半年付息一次（分別為 1 月 1 日及 7 月 1 日），債券的有效年利率為 8%。

(1)編製 2019 年 7 月 1 日之債券發行分錄。

(2)編製 2019 年 12 月 31 日之付息分錄。

(3)計算債券於 2019 年 12 月 31 日，在財務狀況表中應揭露之帳面價值。

⑷使用有效年利率 8%，計算債券於 2019 年 12 月 31 日剩餘現金流量之現值。

10.陽光公司與麗美供應商正在為一件金額 $19,800,000 之違反專利權案件進行訴訟中，截至 2018 年 12 月 31 日，此訴訟案件仍在審理中，律師判斷陽光公司有超過 50% 的機會可贏得此訴訟。

⑴陽光公司應如何於 2018 年度的財務報表中，說明上述的情況？

⑵麗美供應商應如何於 2018 年度的財務報表中，說明上述的情況？扼要說明麗美供應商應如何進行會計處理程序？

⑶為何兩家公司採用不同方法說明同一件事情？

11.喬安公司銷售產品一種，保證免費修理一年。2017 年共售出 4,500 件。估計約有 10% 將需要修理，平均修理費用為每件 $150。2017 年已修理 120 件，修理費 $16,300。2018 年修理 300 件，修理費 $48,500。

試作下列事項：

⑴2017 年修理費之分錄。

⑵2017 年之調整分錄。

⑶2018 年修理費之分錄。

12.維新公司 2018 年 2 月份部分交易如下：

  4 日　向欣然公司賒購商品 $100,000，付款條件 2/10, n/30。維新公司採用淨額法記載進貨。

  6 日　退還欣然公司商品 $6,000。

  13 日　償還所欠欣然公司半數貨款。

  27 日　開立面額 $80,000，六個月期，不附息票據向銀行貼現，貼現率為 9%。

  28 日　以 27 日貼現應付票據所得現金另加自有現金,償還於 2017 年 2 月 28 日開立之面額 $100,000，年利率 12%，一年期之票據。

  28 日　償清所欠欣然公司貨款。

試將上述交易作成分錄。

13.試將某公司 2017 年 12 月的交易作成分錄。

  1 日　收到房客繳來本月及 X8 年 1 月、2 月房租 $45,000。

3 日　支付上月份應付薪資 $14,000。

12 日　收到客戶訂購商品貨款 $50,000，每個售價 $500。

20 日　交付客戶商品 80 個。

30 日　收到電費帳單 $6,000。

31 日　本月份薪資 $15,000，應代扣所得稅 $1,200 及勞保費 $200。

14.某公司於 2017 年 1 月 1 日發行面額 $100,000、五年期、利率 12% 的公司債，每年 12 月 31 日支付利息。該公司因故延遲至 2017 年 3 月 1 日始出售該批公司債，試作該公司在下列三種情況下的出售分錄：

發行時市場利率	發行價格（不含應付利息）
12%	$100,000
14%	93,134
10%	107,581

15.將下列文山公司之各項交易依次作成分錄：

2016 年 5 月 1 日　出售面值 $600,000，十年期之公司債一批，共得現金 $632,868。該債券年利率 6%，每年 2 月 1 日及 8 月 1 日各付息一次，到期日為 2026 年 2 月 1 日。

　　　8 月 1 日　支付公司債利息（採用直線法攤銷溢價）。

　　12 月 31 日　結帳前作必要之調整。

2017 年 2 月 1 日　支付公司債利息。

第十六章

股東權益

前　言

　　拜網路發達盛行之賜，關於股票交易的新聞已普遍充斥於各式的財經媒體上，例如：Yahoo! 奇摩股市、PChome Online 股市、鉅亨網股市、Google 財經之股市報價等等財經新聞，每日皆動態報導公開發行公司之公司重大消息、股票交易與股價訊息。

　　以臺灣首富郭台銘董事長所創立之鴻海科技集團為例，該公司設立於民國 63 年 2 月 20 日，股票正式掛牌上市於民國 80 年 6 月 18 日。截至民國 105 年，鴻海科技集團資本額計為新臺幣 1,479 億 3,406 萬 8,630 元，同時發行國內無擔保普通公司債新臺幣 392 億元。鴻海科技集團已連續九年獲天下雜誌「臺灣一千大」排名第 1 名，且連續九年獲中華徵信所臺灣企業排名第 1 名。此外，獲美國財富雜誌「全球五百強」第 32 名，以及獲美國富比士雜誌「全球 2000 大」第 139 名。鴻海科技集團由名不見經傳的土城小企業，銳變成為當今全球 3C 代工服務領域的龍頭，且穩健紮實地持續擴大與競爭對手之鴻溝，且不斷地被各地業界業者、精英團隊以及上班族視為少數最嚮往集團或最幸福企業之一。

　　本章將說明諸如鴻海科技集團等股票公開發行公司之各項股票交易，包括：股票發行、股票分割、股利支付等等之會計處理方式，進而瞭解與股東權益變動之相關資訊。

學習架構：

■ 說明股票的特性、公司發行股票之優缺點，以及在公司融資過程中所扮演的角色。

■ 解釋並分析普通股之交易事項。

■ 解釋並分析現金股利、股票股利以及股票分割之會計處理。

■ 說明特別股之特性，並分析影響特別股之交易。

■ 介紹保留盈餘及股東權益變動表之內涵。

16-1 股票在公司融資過程中扮演之角色

　　根據經濟部統計[1]，截至民國 105 年 9 月底，我國設立登記且存活的公司家數總計有 671,099 家，實收資本額總計為新臺幣 22,617,122 百萬元。公司集中設立於臺北市居多，其次為新北市，在存活公司行業別之家數中，依序分別為製造業 188,745 家、批發及零售業 119,284 家、營造業 104,190 家。足見公司組織在我國的企業組織中佔相當之規模。

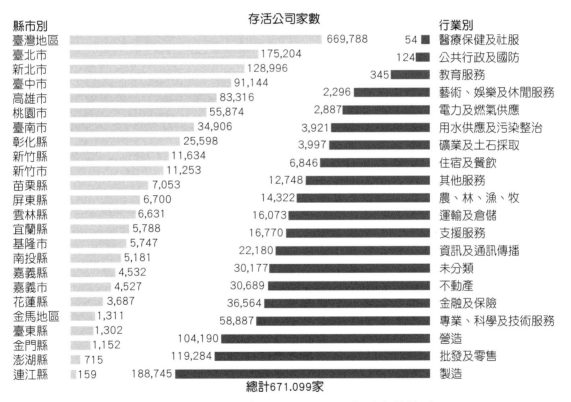

圖 16-1　我國縣市別存活公司行業別家數統計

　　許多投資人已擁有臺灣上市、櫃等公開發行公司之股票。根據我國政府資料開放平臺所公告之公開發行公司股票發行概況統計[2] 顯示，截至民國

---

1. http://gcis.nat.gov.tw/StatisticQry/cmpy/

2. http://data.gov.tw/node/6649

105 年 9 月底，我國上市公司家數計 883 家，實收資本額新臺幣 70,347.8 億元，市值達新臺幣 270,457.4 億元；上櫃公司家數計 730 家，實收資本額為新臺幣 7,185.9 億元，市值達新臺幣 29,176.4 億元。

　　讀者心中一定十分好奇，為何公司組織的企業型態如此受到市場的青睞？其中一項原因是公司組織規範了所有權人的法定負債 (Legal Liability) 為有限責任；另一項原因則是因為公司便於透過公開市場發行股票以募集大量的資金。

　　以下將詳細說明股票之特性、在企業融資過程中發行股票之優缺點，以及股票交易在財務報表之揭露方式。

一、股票之特性

　　股票是一種權益證券 (Equity Security)，因為投資股票的報酬將視未來的總體經濟景氣變化、產業循環與競爭動態以及公司之經營績效而定，因此，股票又被稱為是一種「視狀況而定的要求權」(Contingent Claims)，屬於變動收益之證券 (Variable Income Security)。

　　購買普通股 (Common Stock) 的投資人擁有公司之所有權，故為公司的所有者 (Ownerships)，稱為普通股股東 (Stockholders)，未來有權享受股利 (Dividends) 之分配，但前提是，必須當公司有盈餘時才能宣告且發放股利。公司永遠不必償還股東的股本，故股票沒有固定之到期日，因此，若股東需要現金，必須透過次級市場將股票轉賣變現，有可能獲取買賣股票之價差，此價差即為資本利得 (Capital Gain)。

　　綜言之，投資人可以透過公開市場購買股票而輕鬆取得公司之所有權，而此項特性則與下列因素有關。

1. 股票可少量購買

　　投資人可以透過公開市場購買上市櫃公司最少為一股之股票，成為上市櫃公司的股東，取得公司之所有權。

2. 股票可賣賣轉讓

　　凡是透過公開市場發行的股票，均可於公開市場買賣轉讓。目前我國的股票公開市場包括上市、上櫃以及興櫃，其中上市公司在「臺灣證券交易所」公開掛牌買賣；而上櫃、興櫃公司則在「證券櫃檯買賣中心」公開掛牌買賣。

3.股東對公司債務不負責任

　　債權人對於獨資業主或合夥人的個人財產，並無法律上之請求權 (Legal Claim)；同理，債權人對於股東的個人財產，亦不具有法律上之請求權。因此，如果投資人擁有某公司的股票，該公司在 2017 年被清算且宣告破產，則股東最大的損失為當初購買該股票所支付的成本與相關費用，除非股東個人另擔任該公司之債務保證人，否則股東對於該公司之債務，並不負擔清償之責任。

二、在企業融資過程中，發行股票之優缺點

1.站在公司立場，透過普通股融資之優點

⑴公司透過發行普通股融資，並無固定之利息費用負擔。未來當公司產生盈餘時，才需考慮是否將部分盈餘當做股利支付給股東，作為盈餘之分配。

⑵股票代表公司的所有權，沒有償還之固定到期日，故公司永遠不必償還股東之股本。

⑶公司若因增資而額外發行新的普通股，將有助於提升公司的聲譽，並提高公司的信用評等以及未來之舉債能力。當普通股股東權益愈高，則債權人權益愈有保障。因此，增資發行新股將有助於提升債權人權益之保障。此外，促使公司的未來舉債成本降低，因而提升公司之未來舉債能力。

⑷若公司未來前途看好，發行普通股較受投資人青睞。理由如下：

◆普通股的投資報酬率較特別股或債券為高。其中「投資報酬率」等於「股利利得」加上「資本利得」後，除以原始的購買價格。

◆普通股代表公司的所有權，故發行普通股提供投資人（普通股股東）較佳之屏障。

◆股東投資普通股後，可享受通膨後公司資產增值之利益，以防止非預期性

通貨膨脹之損失。

(5)發行新股使得公司平時的負債比率較低，可以提升公司儲備未來的舉債能力，供日後舉債之用，以備不時之需。

2. 站在公司立場，透過普通股融資之缺點

(1)公司若發行普通股或增資發行新股時，使得投票權（股權）流入新股東手中，造成公司的控制權外流。

(2)因上述因素，對舊股東而言，公司的盈餘需和新股東共同分享。由於新股東未參與公司過去艱苦的開創歷程，使得舊股東對於新股東有坐享其成之觀感。

(3)基於下列因素，使得發行股票之融資費用較債券為高：

◆ 發行股票之融資審查成本較高。

◆ 發行股票之風險較高，公司為便於投資人進行多角化投資以分散風險，通常發行價格的定價較低。當購買人數較特別股或債券為多時，常導致公司的行政處理成本之負擔較高。

(4)股利為盈餘之分配，不是公司的營業費用，故不能抵減所得稅。因此，股利並未具有稅盾效果 (Tax-shield Effect)，亦即股利無節稅之功能。

由於公司運用發行股票籌措資金可降低因銷售額或盈餘之波動，對公司造成之衝擊。此外，舉債造成固定的利息負擔，當公司增加舉債則會提升公司的破產風險，易使一家公司提前走向重整或破產之途，整體而言，公司發行普通股代表風險分擔的行為，不失為一項理想的融資方式。

三、公司的所有權

在法律上之認定，公司為獨立之法律個體，公司可以其本身名義擁有資產、產生負債、擴大或縮小規模、起訴他人或被起訴，並且獨立於業主而單獨締結契約。此外，公司與其業主分離且單獨存在，此意味著公司不會因業主的死亡而消滅。例如：臺灣著名的企業家、台塑集團創辦人王永慶先生於 2008 年逝世後，台塑集團迄今仍屹立不搖且持續營運當中。

為了保護每一位投資者的權益，公司的創建與監督受到法律之嚴格監管。

公司成立時經當地政府核准設立登記後，便會正式發出公司章程 (Articles of Incorporations)，其中規範了攸關公司的資訊，如：公司名稱、地址，營業性質，以及所有權結構等等。

通常公司的所有權結構會因不同的公司而異，在最基本的形式中，一家公司必須有一種類型的股票，稱為「普通股」(Common Stock)，另一種為「特別股」(Preferred Stock)。在此先介紹普通股股東可享有的權利：

1.出席股東大會之投票權 (Voting Rights)

股東有權選舉董事，換言之，股東擁有公司的控制權，且一股一票，根據股東所擁有之股份多寡，在主要的事務上便具有一定的話語權，例如哪家會計師事務所將被選出做為外部審計師，或關注哪些人將於董事會服務等等。

某些類別的普通股可以比其他股票擁有更多的投票權。

2.享受股利利得 (Dividend Income)

當公司分配股利時，每股股份將收到公司之利潤分配。

3.剩餘請求權 (Residual Claims)

若公司停止營運，在支付給債權人後，股東分配剩餘的盈餘。

4.優先認股權 (Preemptive Rights)

為了維持舊股東的持股比例，舊股東具有優先於他人，具有優先購買公司發行新股之權利。其目的為：

(1)為保護現有股東的控制權。

(2)使股票價值不被稀釋，因為若以低於舊股市價的價格發行新股，則舊股東普通股股價會被稀釋。

四、股權及債權融資

無論公司是否需要大筆金額之長期融資，管理階層皆必須決定是否透過發行新股（股權融資）或向債權人借款（債權融資）之方式募集資金，而不

同形式的融資方式有其優勢，這些因素在決定適合公司的股權或債務融資之決策時，扮演了重要的角色。

例如：由於利息費用具有節稅效果，故一家公司可能會考量融資方式對於所得稅的影響效果，因而決定仰賴債權融資之方式；公司可能會擔心是否有能力償還其現有之負債，因而無力再承擔額外的負債；反之，運用股權融資，公司不會再產生未來應償還之義務，仍然可以獲得其所需之資金。

公司究竟應透過股權或債權融資之決策，仍須視公司之實際狀況而定。

16-2 普通股之授權、發行及買回

公司與股東之間所有交易將僅影響公司的財務狀況表，並不會影響到公司的綜合損益表。

一、股東權益之要素

由表 16-1 列示的優美文具公司之財務狀況表顯示，該公司於 2018 年會計年度結束時，股東權益總額為 14,970,400 仟元，包含以下四項要素：

1. 投入資本

投入資本表示投資人因購買股票所繳付給公司之資本金額，以換取公司發行的普通股或特別股。因此，投入資本代表公司發行普通股或特別股之實收資本 (Paid in Capital)，其主要由法定股本（普通股或特別股之面額）以及資本公積 (Additional Paid in Capital) 所構成。

由表 16-1 顯示：優美文具公司於 2018 年的特別股與普通股之法定股本分別為 110,000 仟元與 1,006,000 仟元，資本公積為 10,079,600 仟元，因此，2018 年之投入股本總計為 11,195,600 仟元。同理，2017 年之特別股與普通股之法定股本分別為 30,000 仟元與 1,006,000 仟元，資本公積為 6,085,000 仟元，2017 年之投入資本總計為 7,121,000 仟元。

2. 保留盈餘

保留盈餘 (Retained Earnings) 指的是公司自成立以來歷年的稅後淨利金

額減去發放給股東的股利後之累積數，保留盈餘代表公司所賺取的資本。

由表 16-1 顯示：優美文具公司於 2018 年與 2017 年之保留盈餘分別為 7,565,600 仟元與 21,840,000 仟元。

3.庫藏股

庫存股 (Treasury Stock) 為公司過去曾向股東發行且由股東持有並流通在外之股票，但目前由公司買回並由公司持有之股票，應認列為股東權益之減項。

由表 16-1 顯示：優美文具公司於 2018 年與 2017 年之庫存股票均為 3,600,000 仟元。

4.其他綜合損益之累計數

其他綜合損益之累計數 (Accumulated Other Comprehensive Income or Loss) 表示公司所持有的某些資產或負債價值之暫時性變化所產生之未實現損益，其中可能因退休金、外匯以及金融投資的評價所產生之損益影響。

由表 16-1 顯示：優美文具公司於 2018 年與 2017 年之其他綜合損益之累計數分別為 192,800 仟元與 128,400 仟元。

表 16-1　優美文具公司之部分財務狀況表

優美文具公司 部分財務狀況表 （除每股金額外，其餘項目之單位均為仟元）		
	2018 年	2017 年
股東權益		
投入資本		
特別股，3% 累積，每股面額 $100	$　　110,000	$　　30,000
普通股，每股面額 $10	1,006,000	1,006,000
已授權 150,000,000 股		

　　　　　已發行 100,600,000 股

資本公積	10,079,600	6,085,000
總投入資本	$ 11,195,600	$ 7,121,000
保留盈餘	7,565,600	21,840,000
庫藏股（41,000,000 股，成本）	(3,600,000)	(3,600,000)
其他綜合損益之累計數	(192,800)	(128,400)
股東權益總額	$ 14,968,400	$ 25,232,600

二、普通股股票之授權

　　通常公司章程中會明定公司被允許得以發行之最大股數，稱為「授權股數」(Authorized Shares)。在股票被正式發行以前，其特定的權利與特性必須於公司章程中予以明確的授權與定義，此項授權的程序並不會影響到會計紀錄；然而，因股票授權而於章程中所規範之特性，日後的確會影響到股票之交易紀錄。

　　如表 16-1 顯示：優美文具公司於 2018 年與 2017 年之授權股數為 150,000,000 股，下一列則列示實際「已發行股數」(Issued Shares) 為 100,600,000 股。已發行股數代表公司實際發行且流通在外，由一位以上股東所持有的股票，稱為「流通在外股數」(Outstanding Shares)。

　　當公司再買回部分的實際發行且流通在外之股份時，目前暫時由公司持有且準備日後再發行者，則稱為「庫藏股票」(Treasury Stock)。由於這些庫藏股份目前並非由股東所持有，因此，公司買回庫藏股票應認列為股東權益之減項。

　　如表 16-1 顯示：優美文具公司於 2018 年與 2017 年之庫藏股票均為 41,000,000 股，成本計 3,600,000 仟元。在公司持有庫藏股票的期間當中，這些庫藏股份並不具有投票權、領取股利以及其他之股東權利。

　　圖 16-2 說明上述授權股數、已發行股數、流通在外股數以及庫藏股票

之關係。由表 16-1 顯示：優美文具公司於 2018 年與 2017 年之授權股數為 150,000,000 股，已發行股數為 100,600,000 股，2018 年與 2017 年之庫藏股票均為 41,000,000 股，因此，實際已發行且流通在外股數應為 59,600,000 股。

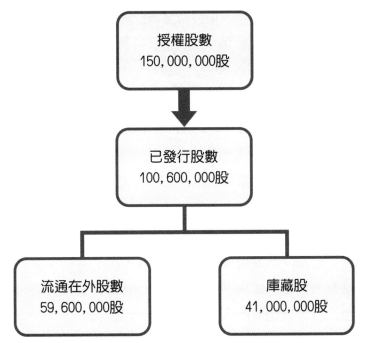

圖 16-2　優美文具公司的授權股數、已發行股數、流通在外股數以及庫藏股之關係

三、普通股股票之面額

公司章程中一項重要的特性，即為股票的面額 (Par Value)。面額是一項由來已久的老觀念，最初設計之目的，是為了防止股東掏空即將面臨破產的企業之投入資本，時至今日，已透過嚴格的法律或管制措施來預防股東掏空公司之情況產生。然而，面額在當今已不具任何特殊之意義，因此，面額已不再具有此種用途了。

在美國，某些州允許發行無面額股票 (No-par Value Stock)。無面額股票的性質類似有面額股票，除了沒有每股之設定法定價值之外，在任何情況下，面額是一項法律概念，並且不以任何方式與公司股票的市場價值產生關連。

　　依照我國公司法之規定，股份有限公司之資本應分為股份，每股金額應歸於一致。此外，每股金額與股份總數為公司章程及股票應記載事項，且股票之發行價格，不得低於票面金額，但得溢價發行。

　　然而，公司法並未限制公司之最低面額，原則上得由公司自行決定面額，並記載於章程及股票中。但是，按公開發行股票公司股務處理準則第 6 條規定，股票每股金額均為新臺幣 10 元，因此，目前我國股票公開發行公司之股票面額均為 $10。

　　綜觀國內證券交易實務，近年來股票市價低於面額之上市公司為數眾多，其中不乏企業正常營運尚有獲利，且其資產超過負債，但股價卻低於淨值者。由於前揭主管機關規定股票面額固定為 10 元與公司法禁止折價發行股份之規定，造成許多股價低於面額之上市櫃公司，儘管體質良好，卻無法辦理現金增資，以透過資本市場籌措成本較為低廉之自有資金，因籌資困難而導致財務日趨惡化。

　　有鑒於此，立法院遂通過修正公司法第 140 條例外折價發行之規定，允許公開發行公司股票發行價格不受面額 $10 之限制，並放寬公司不得折價發行股票等限制，並於民國 90 年 11 月 12 日公布施行。

四、普通股股票之發行

　　股票發行 (Stock Issuance) 通常發生於公司將其股票分配給現有股東或是新股東時，而且往往以現金交換之。當公司首次向投資大眾公開發行股票，則被稱為「初次公開發行」(Initial Public Offering, IPO)。換言之，當一家私人公司的股票公開上市時，則大多數人會說是 IPO。若公司過去曾經公開發行股票，則當公司額外再發行新股票時，則稱為「增資發行新股」(Seasoned New Issues)，是指上市公司發行新增股票讓現有股東認購，股東可按其持股比例認購新股。站在公司的立場，無論股票是初次公開發行還是增資發行新股，公司皆以相同的方式進行交易。

　　大多數的股票發行交易為現金交易。為說明股票發行之會計認列方式，假設優美文具公司於 2019 年 1 月 1 日按每股市價 $25 增資發行 200,000 股、每股面額 $10 之普通股。該項增資發行新股交易事項對於會計恆等式的影響，

以及會計分錄之處理方式如下：

資產	=	負債	+	股東權益
現金 + $5,000,000	=			普通股 + $2,000,000 資本公積 + $3,000,000

2019 年

1月1日	現金		5,000,000	
	普通股			2,000,000
	資本公積——普通股			3,000,000

（按市價 $25 增資發行新股 200,000 股）

　　在上述增資發行新股之分錄中，普通股股本的認列金額為增資發行的股數 200,000 股，乘以普通股的面額 $10；而發行市價超過面額的部分，歸屬於資本公積 (Additional Paid-in Capital)。若在公司章程中普通股無設定面額，則發行價格總額應全數認列為普通股股本。

　　當公司初次在公開市場發行股票時，此項發行股票的交易屬於發行公司與投資人之間的交易。當股票初次發行後，投資人仍舊能夠在次級市場與其他投資人買賣交換股票以獲取現金，而不會影響到股票原發行公司。例如：張大同先生將其先前所購買的優美文具公司之股票出售予王欣欣小姐，張大同先生收到出售股票之現金，而王欣欣小姐則收到其所購買的股票。由於此項交易純粹屬於投資人與投資人間之交易，為所有權人之股權移轉性質，故股票原發行公司無須作任何分錄。

五、普通股股票之買回

　　公司可能因以下理由，從現有股東手上買回自家公司的股票：

⑴傳遞給投資人一種訊息，亦即公司本身相信自家公司股票的確值得投資之訊息。

⑵獲取可再重新發行之股票，作為日後購買其他公司股票之支付工具。

⑶獲取可再發行的股票，作為給予員工股票購買計劃 (Stock Purchase Plans) 之支付工具。

⑷降低流通在外之股數，以提昇每股盈餘以及每股股價。

　　大多數公司以取得股票之成本認列庫藏股票，會計處理方法稱為「成本法」(Cost Method)。假設優美文具公司於 2019 年 2 月 1 日按每股市價 $25 買回自家公司 100,000 股之普通股作為庫藏股。

$$100,000 \text{ 股} \times \$25 = \$2,500,000$$

　　運用成本法，該項庫藏股交易事項對於會計恆等式的影響，以及會計分錄之處理方式如下：

資產	=	負債	+	股東權益
現金 – $2,500,000	=			庫藏股 – $2,500,000

2019 年

2 月 1 日	庫藏股 ⋯⋯⋯⋯⋯⋯⋯⋯⋯⋯⋯⋯⋯	2,500,000	
	現金 ⋯⋯⋯⋯⋯⋯⋯⋯⋯⋯⋯⋯⋯		2,500,000

（按市價 $25 買回庫藏股 100,000 股）

　　請注意：庫藏股並非公司的資產項目，應屬於股東權益總額之減項，故為永久性項目。由表 16-1 顯示：優美文具公司於 2018 年與 2017 年之庫藏股均為 41,000,000 股，為 3,600,000 仟元，應認列為股東權益總額之減項。

六、庫藏股之再發行

　　當公司將過去認列為庫藏股的股票再公開發行，出售時即使出售價格高於或低於取得庫藏股之成本，公司並不認列出售利得或損失。由於公司與股東間之買賣交易並不屬於公司的正常營業行為，故一般公認會計原則 (GAAP) 不允許公司因買賣自家公司股票，因而認列出售利得或損失，如同

發行其他股票，當公司再發行庫藏股之交易事項，僅會影響到財務狀況表。

1.庫藏股之再發行價格高於取得成本

以下延續前述之優美文具公司於 2019 年 2 月 1 日按每股市價 $25 買回自家公司 100,000 股之普通股（100,000 股 × $25 = $2,500,000）作為庫藏股之範例。若優美文具公司於 2019 年 4 月 15 日按每股市價 $30 元發行 10,000 股之庫藏股，該項庫藏股再發行之交易事項對於會計恆等式的影響，以及會計分錄之處理方式如下：

資產	=	負債	+	股東權益
現金 + $300,000	=			庫藏股 + $250,000 資本公積 + $50,000

```
2019 年
4 月 15 日    現金 ……………………………………………  300,000
                 庫藏股 …………………………………………           250,000
                 資本公積——普通股 …………………………            50,000
             （按市價 $30 再發行庫藏股 10,000 股）
```

2.庫藏股之再發行價格低於取得成本

若公司再發行庫藏股之「再發行價格」低於買回之取得成本時，其中再發行價格與買回成本間之差額，應由資本公積予以彌補，換言之，上述情形將減少公司的資本公積項目。

若優美文具公司於 2019 年 4 月 15 日按每股市價 $21 再發行 10,000 股之庫藏股，該項庫藏股再發行之交易事項對於會計恆等式的影響，以及會計分錄之處理方式如下：

資產	=	負債	+	股東權益
現金 + $210,000	=			庫藏股 + $250,000 資本公積 − $40,000

2019 年

4 月 15 日	現金 ………………………………………………	210,000	
	資本公積——普通股 …………………………	40,000	
	庫藏股 ……………………………………………		250,000

（按市價 $21 再發行庫藏股 10,000 股）

16–3 股利之支付型態

一般投資人購買普通股之目的，在於期望獲取一些投資報酬，普通股之投資報酬通常有兩種形式，股利利得與資本利得 (Capital Income)。

某些投資人較偏好購買不支付股利或支付很少股利之股票，又稱為成長投資 (Growth Investment)，因為那些公司往往將大部分的盈餘保留下來以作為未來進行再投資運用之資金，期望能增加公司未來盈利水準並提升股票價格。例如：Google 公司自 2004 年股票上市後，至今從未支付過股利，然而，若投資人在 2004 年 8 月 19 日 Google 公司股票首次發行時曾支付 US$1,000 購買 100 股之股票，則目前的市場價值已超過 US$12,000 了。

另一方面，對於某些需要穩定收入之退休族而言，其購買股票的目的在於定期領取股利形式的報酬,而不願等待未來股票價值是否增長之不確定性，這些投資人往往追求定期支付股利之股票，又稱為收益投資 (Income Investment)。例如：可口可樂公司自 1920 年以來，每年均固定發放現金股利給予股東。

一、現金股利

1.公司財務上之要求

當公司決定是否宣告並發放現金股利 (Cash Dividends) 時，公司董事會不僅會考量稅法之可能變動因素，還須考量以下兩項重要的財務上之要求：

(1)充足的保留盈餘

公司必須累積一筆足夠的保留盈餘，以因應股利的支付。主管機關往往會立法限制公司發放股利的額度，應以保留盈餘為上限，由於貸款契約之規範，某些公司甚至還會進一步限制並要求公司應使保留盈餘維持在一個較高的最低餘額，若公司違反貸款契約之規範，債權人往往會要求公司重新協商契約條件或要求立即還款。

由於限制保留盈餘的用途將嚴格限制公司支付股利之能力，因此，會計法則通常要求公司必須在財務報表附註中揭露其保留盈餘之限制。

(2)足夠的現金

公司必須具備足夠的現金，才能夠發放現金股利。保留盈餘為應計基礎下所衡量的過去盈餘之累積，為股東權益的貸方項目，保留盈餘的餘額並不表示公司具有相對的現金可供用來支付股利，因此，保留盈餘不是現金。

綜上所述，當公司擬宣告並發放股利時，必須先衡量其保留盈餘餘額是否為正數且大於擬發放之股利金額。此外，若公司擬支付現金股利，尚必須具有足夠的現金，才能支付。

2.支付股利之重要日期

當公司擬支付現金股利時，涉及四個重要的日期，其中三個日期必須作會計分錄。下列將以優美文具公司為例，說明該公司於 2018 年宣告並支付普通股每股 $2 之現金股利之會計處理方式如下：

(1)宣告日

當公司董事會正式開會核准通過支付股利時，則董事會開會議定當日即為股利宣告日 (Declaration Date)，公司便產生一項法定的負債，在會計處理上，應借記一個臨時性項目「股利」、貸記「應付股利」(Dividends Payable)

項目，以認列已宣告尚未發放之股利。

　　有鑑於股利不是公司的營業費用，而是屬於公司過去盈餘之分配，因此，期末結帳時，「股利」應結轉並減少保留盈餘項目。換言之，「股利」項目為股東權益之減項。

　　由表 16-1 顯示：優美文具公司於 2018 年之授權股數為 150,000,000 股，已發行股數為 100,600,000 股，當年度買回庫藏股票計 41,000,000 股，因此，該公司 2018 年實際已發行且流通在外股數應為 59,600,000 股。若該公司於 2018 年 2 月 1 日宣告擬於 3 月 15 日支付普通股每股 2 元之現金股利，則已發行且流通在外股數 59,600,000 股，乘以每股 $2，擬發放之現金股利總計為 $119,200,000。該項宣告股利之交易事項對於會計恆等式的影響，以及會計分錄之處理方式如下：

資產	=	負債	+	股東權益
=		應付股利 + $119,200,000		股利 −$119,200,000

2018 年

2 月 1 日	股利 ⋯⋯⋯⋯⋯⋯⋯⋯⋯	119,200,000	
	應付股利 ⋯⋯⋯⋯⋯⋯⋯		119,200,000
	（宣告擬於 3 月 15 日支付普通股 每股 $2 之現金股利）		

(2)登記日

　　當公司的股票於公開市場發行後，股票每日均在公開市場買賣交易，當公司宣告擬發放股利後，必須花費時間以釐清哪些股東有權利收到股利。登記日 (Date of Record) 便是一個讓公司能確定待支付股利應支付予哪些特定股東之截止日期，沒有任何的資產、負債或股東權益產生變動，因此，登記日不需要作會計分錄。

⑶發放日

股利發放日 (Date of Payment) 是支付現金股利的日期，亦即實際支付每個股東之應負股利負債。在會計處理上，應借記「應付股利」項目、貸記「現金」項目予以認列支付之股利。該項支付股利之交易事項對於會計恆等式的影響，以及會計分錄之處理方式如下：

資產	=	負債	+	股東權益
現金 − $119,200,000	=	應付股利 − $119,200,000		

2018 年			
3 月 15 日	應付股利 ⋯⋯⋯⋯⋯⋯⋯⋯⋯	119,200,000	
	現金 ⋯⋯⋯⋯⋯⋯⋯⋯⋯⋯⋯		119,200,000
	（實際支付普通股每股 $2 之現 　金股利）		

⑷期末之結帳

在會計年度終了時，所有的臨時性項目，包括股利項目，均應結轉至保留盈餘項目。此項結帳程序將臨時性項目，亦即「股利」項目的餘額予以結清至零，並結轉至「保留盈餘」之永久性項目。換言之，在會計處理上，應借記「保留盈餘」項目、貸記「股利」項目，此項結帳分錄並不會影響股東權益。該珀結帳之交易事項對於會計恆等式的影響，以及會計分錄之處埋方式如下：

資產	=	負債	+	股東權益
				股利　　　 + $119,200,000 保留盈餘 − $119,200,000

2018 年

12 月 31 日　保留盈餘 ……………………………… 119,200,000

　　　　　　　股利 …………………………………　　　　　　119,200,000

　　　　　　　（將股利結轉至保留盈餘）

二、股票股利

1.股票股利之認列

　　當沒有特別聲明股利的支付形式時，股利通常意味著以現金股利的形式發放，然而，某些公司的股利發放形式並非以現金支付，而是以發放額外股份的形式，這些股利，稱為「股票股利」(Stock Dividends)，通常按股東持股比例之基礎 (Pro Rata Basis) 予以分配給股東額外的股份，股東並不須支付任何成本。按持股比例基礎意味著若每位股東原持有 10% 的流通在外股票者，則將獲得額外的 10% 股份數作為公司所發放的股票股利。

　　至於應如何計算股票股利？股票股利的會計處理方式是將股票股利金額由公司的「保留盈餘」轉至「投入資本」項目，其中用以認列股票股利之金額則取決於公司發放股票股利之多寡而定。

　　大額的股票股利（超過公司流通在外股數之 25% 以上者）按股票「面額」認列，因此，會計分錄為按所發放的股票股利面額予以借記「保留盈餘」項目、貸記「投入資本」項目；另一方面，小額的股票股利（低於公司流通在外股數之 25% 者）則按股票「市價」認列，因此，會計分錄為按所發放的股票股利面額予以借記「保留盈餘」項目、貸記「投入資本 (Contributed Capital)」項目。

　　若市價超過面額，則超過面額的部分貸記「資本公積」。

⑴發放股票股利之理由

　　為何公司打算發放股票股利？由形式上觀之，股票股利似乎毫無意義，因為公司以股票股利方式支付給股東股利，既不會影響股東的持有股份所有

權之百分比，也不會改變股東權益總額。通常公司會提出發放股票股利之三項可能解釋如下：

◆ **降低每股股份之市場價值**：若增加股份之發行數量，而不會以任何其他方式改變公司的價值，則每股股票價格將按比例下降。當公司發放 100% 的股票股利後，則原發行 20 股、每股市價 $100 的股票，將成為 40 股、每股市價 $50。若某公司自成為上市公司以來先後已宣告發放四次的股票股利，每次市價將更加實惠，因而促使小股東更具購買力。

◆ **當公司處於艱困時期可保留現金，同時證明有意願履行對股東之承諾**：股票股利與現金股利不同，股票股利並不涉及現金給付或資產分配；相反地，股票股利可讓公司對外聲稱「自上市以來，持續宣告股利的支付」。當公司處於艱困時期可保留現金作為未來營運之調度需求，另一方面，也能證明公司有意願履行對於股東股利給付之承諾。

◆ **宣示對於重大的未來盈餘之預期**：公司只有在透過獲利性的營運過程，且累積一筆適當的保留盈餘時，才能宣告未來將支付現金股利。由於股票股利將導致保留盈餘之減少，公司只有在預期未來盈餘足以彌補發放股票股利後保留盈餘之時，才會宣告發放股票股利。例如：Nike 公司便運用此項理由，解釋該公司為何於 2012 年發放 100% 的股票股利，Nike 公司執行長表示：「公司宣告發放 100% 的股票股利，主要在於表彰公司在戰略中具有產生長期的利潤增長之信心。」

⑵股票股利之會計處理方式

假設優美文具公司於 2018 年底發放股票股利，茲分別說明公司發放不同規模股票股利之交易事項對於會計恆等式的影響，以及會計分錄之處理方式如下：

A. 發放巨額股票股利

若優美文具公司於 2018 年底宣告並發放 30% 的股票股利，已知該公司於 2018 年度之授權股數為 150,000,000 股，已發行股數為 100,600,000 股，當年度買回庫藏股票計 41,000,000 股，優美文具公司於 2018 年底實際已發行且流通在外股數為 59,600,000 股，因此，2018 年發放了 17,880,000 股之股票股

利。由於所發放 30% 股票股利已超過公司流通在外股數之 25% 以上，故應按股票「面額」$178,800,000 予以減少「保留盈餘」項目，並轉入「普通股」項目。

優美文具公司於 2018 年底發放 30% 之股票股利之交易事項對於會計恆等式的影響，以及會計分錄之處理方式如下：

資產	=	負債	+	股東權益
				保留盈餘 − $178,800,000
				普通股　　+ $178,800,000

2018 年

12 月 31 日　保留盈餘 ·································　178,800,000

　　　　　　　普通股 ···································　　　　　　　178,800,000

　　　　　　（發放 30% 之股票股利，計

　　　　　　17,880,000 股，按面額入帳）

B. 發放小額股票股利

若優美文具公司於 2018 年底發放 10% 的股票股利，已知該公司於 2018 年度已發行股數為 100,600,000 股，當年度買回庫藏股票計 41,000,000 股，優美文具公司於 2018 年底實際已發行且流通在外股數為 59,600,000 股。已知 2018 年底的每股市價為 32 元，因此，2018 年發放了 5,960,000 股之股票股利。由於所發放 10% 股票股利未超過公司流通在外股數之 25% 以上，故應按股票「市價」$190,720,000 予以減少「保留盈餘」項目，並轉入「普通股」項目 $59,600,000，超過面額的部分貸記「資本公積」$131,120,000。

優美文具公司於 2018 年底發放 10% 之股票股利之交易事項對於會計恆等式的影響，以及會計分錄之處理方式如下：

資產	=	負債	+	股東權益
				保留盈餘 – $190,720,000
				普通股　 + $59,600,000
				資本公積 + $131,120,000

2018 年

12 月 31 日　保留盈餘 ························　190,720,000

　　　　　　普通股 ····························　　　　　59,600,000

　　　　　　資本公積——普通股 ·······　　　　　131,120,000

　　　　　（發放 10% 之股票股利，計

　　　　　5,960,000 股，按每股市價

　　　　　$32 入帳）

　　綜言之，無論公司所發放的股票股利規模大小為何，股票股利僅影響股東權益內項目之餘額，並不會改變股東權益之總額。

三、股票分割

　　股票分割 (Stock Split) 並非支付股利，雖然股票分割與股票股利相類似，然而股票分割在如何發生以及如何影響股東權益項目等方面卻有很大的不同。當股票分割時，公司已授權股份總數增加了特定之數量，例如：一分為二 (2-for-1)，在此情況下，每一單位已發行股份被收回，同時另發行兩個單位之新股。此外，當股票分割時，公司的現金並不受影響，因此公司的總資源不會改變，好比拿起一個已被切成四片的比薩，繼續將每一片再切成兩小片，便成為八小片。

　　通常，股票分割牽涉到公司章程之修改，降低所有已授權股份之每股面額，因此，不會改變所有股份之總面額。例如：若一家公司將其發行且流通在外的 100 萬股股份執行一分為二之股票分割，則其股票的每股面額將由 $10 降到 $5，並使其發行且流通在外的股份數量增加一倍。由於每股面額的

減少抵銷了股份數量之增加，因此公司的財務狀況並不受任何影響，故而不需要作日記簿之分錄，表 16–2 說明股票分割對於每股面額減少以及股份數量增加之抵銷效果

表 16–2　股票分割對於每股面額減少以及股份數量增加之抵銷效果

股東權益	一分為二股票分割之前	一分為二股票分割之後
發行且流通在外股數	2,000,000	4,000,000
每股面額	10	5
發行且流通在外股票之總面額	20,000,000	20,000,000
保留盈餘	5,000,000	5,000,000
股東權益總額	25,000,000	25,000,000

16–4　特別股

一、特別股之特性

除了普通股以外，某些公司會另外發行特別股。當公司只發行一種股票時，此種股票就是一般熟悉之普通股。若公司發行兩種以上不同型態之股票時，其中若有股票提供投資人享有部分優先之權利或另設立限制條款時，則此類股票稱為特別股。在特性上，此種特殊性質的股票與普通股有許多不同之處。例如：特別股股票通常有設定票面金額（有面額），且公司提供給特別股東之報酬通常按面額之固定比例設算，亦即每股股利固定不變，故特別股又被稱為「固定收益證券」(Fixed Income Security)。此外，公司在發放股利的順序上，必須先支付給特別股股利後，再支付給普通股。反之，若公司當年度產生虧損或未有足夠盈餘時，可暫停特別股股利之支付。

基於以上的特性，使普通股股東往往將特別股視為類似債權人之負債，而債權人卻將特別股視為類似股東權益來處理。有鑑於此，特別股兼具債券

與普通股之性質，故屬於一種混血證券 (Hybrid Security)。

二、站在公司的立場，發行特別股之優缺點

1. 發行特別股之優點

⑴公司負擔固定之融資成本

由於特別股的股利固定，使得公司可將更多未來潛在利潤保留給普通股股東，若公司當年度產生虧損或盈餘過低時，可暫停特別股股利之支付，不致導致公司的破產。

⑵公司不會有現金流量之問題

大部分特別股沒有到期期間與收回基金條款之規定，故發行特別股較不會帶給公司現金流量之問題。

因為當公司的現金流入低於現金流出時，將導致公司產生週轉不靈之現象。

⑶公司得以避免與新投資人分享盈餘與控制權

由於特別股股利為固定，且大都沒有投票權，因此，發行特別股可使公司避免其控制權外流。

2. 發行特別股之缺點

特別股的稅後資金成本較負債高。

$$稅後資金成本 = 資金成本 \times (1 - 所得稅稅率)$$

◆由於特別股之剩餘資產分配與盈餘分配受償順序排在債券之後，故特別股風險承擔高於負債。因此，特別股之要求的額外風險溢酬高於負債，使得特別股之股利收益率高於債券票面利率。

◆由於特別股股利不能當做營業費用以抵減所得稅，不具稅盾效果，故發行特別股之資金成本較債券高。

三、特別股之主要條款

1.優先受償權

　　特別股股東對於公司的資產與盈餘分配順位，擁有優於普通股股東之優先受償權利 (附額外條款)，此為強調特別股優先受償之特性。公司法賦予特別股優先受償權利之目的在於：

⑴限制公司所能發行的特別股股份數額。

⑵當公司的保留盈餘尚未累積到一定額度前，公司不得發放普通股股利。

　　換言之，若公司透過發放股利或清算方式分配資產給予股權所有者，則特別股股東應較普通股股東擁有更高之優先分配權。也就是說，公司宣布的任何股利必須優先支付給特別股股東後，剩餘的股利才能支付給普通股股東。此外，若公司停止營業，資產拍賣所得將首先用於償還債權人債務，然後應分配給特別股股東。若尚有剩餘的話，最後才將剩餘資產分配給普通股股東。

　　綜上所述，歸納特別股股東具有的優先受償權之意涵如下：

⑴公司支付普通股股利前，應先支付特別股股利。

⑵在特別股股東的求償權已獲得滿足後，普通股股東才有權分配公司之剩餘財產。

2.有面額

　　特別股股票通常有設定票面金額，當公司在宣告破產時，面額在於表彰特別股股東應得的金額。此外，特別股股利通常以面額的百分比表示。

3.以固定利率支付特別股股利

　　當公司發行特別股股票時，通常在股票的票面上會明定股利之支付方式，一般會明定每股給付多少元或是按每股面額的百分比設算。例如：某公司發行的特別股股票之票面上約定 6%，$ 100 面額之特別股股利，表示每年將支付予每股特別股股東固定的 $6 股利 ($100 × 6% = $6)。當公司宣告將發放固定的股利時，將可能吸引某些特定的投資者，如：公司創辦人或退休族，因

為這些投資者之投資目的在於追求穩定的股利收益。

4.累積股利條款

為保障特別股股東之權益，公司通常另訂定累積股利之條款。此項條款規定：公司在支付予普通股股利前，必須先付清過去所有積欠 (Arrearage) 特別股股東之股利。其中積欠表示：過去歷年所累積之未能支付予特別股之股利。

5.其他附加條款

為便於發行特別股股票或保障特別股股東之權益，某些公司會另訂定其他的附加條款。

⑴轉換權

轉換權為允許特別股股東在未來某特定期間當中，選擇是否「按照既定價格將特別股轉換成為公司的普通股」之權利，此種特別股稱為「可轉換特別股」(Convertible Preferred Stock)。

⑵投票權

當公司未發放特別股股利時，有些公司會另行約定特別股股東得具有投票選舉公司董事之投票權。

因此，公司可以發行「完全無投票權」特別股或是具「超級投票權」(Super Voting Right) 之特別股，此種靈活性賦予公司得以將股票所有權與投票控制權加以區隔，例如：若公司擬由已經擁有很多普通股股權之關鍵股東身上再籌措資金，而不希望這些股東擁有控制權，則不具投票權之條款約定便能發揮功效；反之，若公司擬向投資大眾發行股票以募集資金，但投資者希望擁有投票權，則便適合發行超級投票權之特別股。

近年來，Facebook 與 Google 公司曾經發行了此種具有「雙股票」(Dual Stock) 結構之特別股。

⑶參加權

當特別股股東已收取當年度之約定固定股利時,若公司尚有剩餘盈餘時,則特別股股東可再進一步與普通股股東分享公司剩餘盈餘之權利, 此種特別股稱為「參加特別股」(Participating Preferred Stock)。分為全部參加以及部分參加兩種, 其中全部參加之股利分配順序為:
◆支付予特別股當年度之約定固定股利。
◆支付予普通股股利, 相當於發放予特別股之股利率。
◆剩餘盈餘再按普通股與特別股之持股比例分配。

⑷收回基金

公司每年提撥一筆收回基金 (Sinking Fund), 並按某特定比例出資收回特別股。

⑸贖回條款

贖回條款 (Call Provision) 指的是公司有權以高於面額的價格贖回特別股, 當贖回價格 (Call Price) 高於特別股面額時, 則高於面額部分稱為「贖回溢價」(Call Premium)。

四、發行特別股

如同普通股的發行, 當公司發行特別股時, 公司的現金與股東權益項目將同時增加。假設優美文具公司於 2018 年 1 月 1 日按每股市價 $120 增資發行 3% 累積, 每股面額 $100、計 1,100 股之特別股。該項增資發行特別股交易事項對於會計恆等式之影響, 以及會計分錄之處理方式如下:

資產	=	負債	+	股東權益
現金 + $132,000				特別股　＋ $110,000 資本公積 － $22,000

2018 年

1 月 1 日　現金 ……………………………………… 132,000

　　　　　　特別股 ………………………………………　　　　110,000

　　　　　　資本公積——特別股 ………………………　　　　22,000

　　　　（按市價 $120 發行特別股 1,100 股）

五、特別股之股利

所有特別股股東均擁有股利優先權 (Dividend Preference)，其中兩種最常見的股利優先權，包括：當期股利優先權 (Current Dividend Preference) 與累積股利優先權 (Cumulative Dividend Preference)。

1. 當期股利優先權

當期股利優先權要求公司在支付給普通股股東任何股利前，必須先支付給特別股股東，此項優先權為所有特別股股東之特性。在當期的股利優先權獲得滿足後，若無其他的優先權存在，則公司才可以支付股利給予普通股股東。

假設繁榮食品公司於 2018 年度已發行且流通在外之股票情況如表 16-3 所示：

表 16-3　繁榮食品公司已發行且流通在外之股票

特別股，6%，每股面額 $100，流通在外 40,000 股
普通股，每股面額 $10，流通在外 10,000 股

假設特別股只擁有當期之股利優先權,若繁榮食品公司宣告 2018 年發放股利總額為 $900,000，2019 年發放股利總額為 $1,000,000。因此，每年度所宣告並發放的股利金額，首先應分配給特別股股東，若有剩餘的部分最後才分配給普通股股東。繁榮食品公司分別於 2018 年與 2019 年支付給股東之股

利金額如表 16-4 所示：

表 16-4　繁榮食品公司於 2018 與 2019 年發放之股利（無積欠股利）

年度	宣告並發放之股利總額	特別股股利[3]	普通股股利[4]
2018	$ 900,000	$240,000	$660,000
2019	$1,000,000	$240,000	$760,000

若繁榮食品公司在 2018 年沒有宣告發放任何股利，則特別股股東將只能收到 2019 年之 240,000 股利。除非特別股具有累積之性質，否則當期之股利優先權不會結轉到下一年度，如以下累積股利優先權所述。

2.累積股利優先權

累積股利優先權指出，若當年度股利之全部或一部分尚未完全支付時，則累積未支付的股利，稱為積欠股利 (Dividends in Arrears)，此積欠的部分必須在發放任何未來的普通股股利之前先支付給特別股股東。當然，若特別股為非累積性質，則永遠不會有積欠股利之情況產生，因為若當年度公司未宣告發放任何的股利，則非累積特別股當年度的股利將永遠消失。由於特別股股東往往不願意接受此種不利的條件，故特別股通常附帶累積之條款。

以下將延續表 16-3，說明當特別股具有累積股利優先權時，若發生積欠股利之情況，公司應分配股利的方式。

假設繁榮食品公司積欠特別股股東 2016 年與 2017 年兩年度的股利。表 16-5 顯示：該公司於 2018 年應首先償還特別股股東過去兩年度（2016 年與 2017 年）之積欠股利，其次再優先分配當年度（2018 年）的股利給特別股股東，剩餘的部分才分配給普通股股東。因此，特別股股東在 2019 年只能主張當年度（2019 年）的股利優先權，因為公司已於 2018 年清償了特別股股東過去所有的積欠股利。

---

3. 特別股股利 = 40,000 股 × $100 每股面額 × 6% 股利率 = $240,000

4. 普通股股利 = 宣告並發放之股利總額 − 特別股股利

表 16-5　繁榮食品公司於 2018 與 2019 年發放之股利（有積欠股利）

年度	宣告並發放之股利總額	特別股股利		普通股股利[7]
		積欠股利[5]	當期股利[6]	
2018	$ 900,000	$480,000	$240,000	$180,000
2019	$1,000,000		$240,000	$760,000

　　當董事會正式開會議定並宣告發放股利時，應付未付股利才成為公司的負債，因此，尚未正式宣告之股利，並不構成公司的負債，所以積欠股利不需要正式作分錄，僅須於財務報表的附註中揭露即可。

16-5 保留盈餘

　　保留盈餘表示公司自成立以來歷年來之盈餘累積，未分配給予股東而保留在公司之部分。當公司當年度的收入大於費用時，大於的部分稱為本期淨利 (Net Income)，則結帳時會將所產生的本期淨利結轉到保留盈餘項目，增加保留盈餘項目之餘額；反之，當公司當年度的收入小於費用時，小於的部分稱為本期淨損 (Net Loss)，則結帳時會將所產生的本期淨損結轉到保留盈餘項目，減少保留盈餘項目之餘額。

　　此外，當公司宣告發放現金股利或股票股利時，也會減少保留盈餘項目，總之，保留盈餘項目為公司透過營利活動為股東創造、但尚未分配給股東之股權額度。

　　若公司在其整個經營壽命期間內所累積的淨虧損超過淨利，則該公司的保留盈餘項目將會呈現負向（借方）餘額，則在財務報表的揭露方式如下：

(1)在財務狀況表之股東權益部分，應以括號表示虧損情況。

(2)在計算股東權益總額時，應被扣減。

(3)通常稱為累計虧損 (Accumulated Deficits)，而非保留盈餘。

---

5. 特別股之積欠股利＝40,000 股×$100 每股面額×6% 股利率×2 年＝$480,000

6. 特別股之當期股利＝40,000 股×$100 每股面額×6% 股利率＝$240,000

7. 普通股股利＝宣告並發放之股利總額－特別股股利

16-6 股東權益變動表

　　股東權益變動表 (Statement of Stockholders' Equity) 詳細說明構成股東權益的每一個項目之增減變動原因、明細狀況以及期末餘額。表 16-6 揭露正正文具公司 2017 年度構成股東權益的每一個項目之內容。其中每一個項目的期初與期末餘額皆對應至公司的比較財務狀況表，以及 2017 年期間之重要股票交易事項，如：發行特別股與普通股 (兩者均會增加資本公積之餘額)、本期淨利以及發放普通股股利。

表 16-6　正正文具公司 2017 年度股東權益項目之內容

單位：新臺幣仟元

股東權益	特別股	普通股	資本公積	保留盈餘	庫藏股	其他綜合損益之累計數
1 月 1 日	$ 3,000	$10,060	$ 608,500	$ 2,184,000	$(360,000)	$(12,840)
股票發行	8,000	20	399,460			
本期淨利				938,400		
特別股股利				(3,060)		
普通股股利				(2,362,780)		
提撥特別盈餘公積						(6,440)
12 月 31 日	$11,000	$10,080	$1,007,960	$ 756,560	$(360,000)	$(19,280)

練習題

一、選擇題

1. 皇佳公司在 X1 年 1 月 1 日與 12 月 31 日之權益總額分別為 $57,000 與 $85,400，在 X1 年間公司之收益總額為 $63,500，費損總額為 $39,600，此外 X1 年 5 月 1 日，股東再投資 $12,000。在沒有其他事件的情況下，皇佳公司 X1 年之股利為：

(A) $7,500

(B) $11,900

(C) $19,500

(D) $23,900　　　　　　　　　　　　　　　　　　　　105 普考

2. 甲公司 X6 年稅後淨利為 $600,000，X6 年 1 月 1 日普通股流通在外 120,000 股，3 月 1 日買回庫藏股 12,000 股，10 月 1 日按市價現金增資 30,000 股。該公司尚有累積非參加特別股流通在外，每年股利為 $50,000，X4 年及 X5 年均未發放股利，若 X6 年宣告發放股利 $500,000，則 X6 年度之每股盈餘為何？

(A) $3.80

(B) $3.83

(C) $4.64

(D) $4.68　　　　　　　　　　　　　　　　　　　　105 普考

3. 下列何者會影響權益之帳面金額？ ①宣告現金股利　②宣告股票股利　③買入庫藏股　④出售庫藏股　⑤受限之保留盈餘

(A)僅①③⑤

(B)僅①③④

(C)僅①②⑤

(D)僅③④⑤　　　　　　　　　　　　　　　　　　　　105 普考

4. 甲公司於 X6 年初以每股 $30 買入乙公司股票 10,000 股，並列為備供出售金融資產。X6 年 7 月 10 日收到乙公司配發之股票股利（盈餘配股：1 股配 0.1 股，公積配股：1 股配 0.2 股），當日乙公司股價為 $31。若甲公司未

處分乙公司股票，X6 年底乙公司股票每股公允價值為 $28，則持有乙公司股票對甲公司 X6 年其他綜合損益影響為何？

(A)減少 $20,000

(B)增加 $8,000

(C)增加 $29,000

(D)增加 $64,000 　　　　　　　　　　　　　　　　105 普考

5. 下列交易中，何者不影響股東權益總額？

(A)出售庫藏股時出售價格高於買回價格

(B)發放清算股利

(C)提列法定盈餘公積

(D)前期折舊費用少計之錯誤更正 　　　　　　　　　　105 初等

6. X3 年度甲公司稅後淨利為 $500,000，支付現金股利 $200,000，普通股加權平均流通在外股數為 100,000 股，年底每股市價 $50，若甲公司並未發行特別股，則甲公司 X3 年度股利支付率是多少？

(A) 40%

(B) 4%

(C) 8%

(D) 10% 　　　　　　　　　　　　　　　　　　　105 初等

7. 甲公司成立於 X1 年 1 月 1 日，核准發行面額 $10 之普通股 30,000 股。X1 年度之部分交易如下：

1 月 17 日	以每股 $16	發行 6,000 股
3 月 25 日	以每股 $17	發行 1,000 股
6 月 11 日	以每股 $20	買回 1,300 股
7 月 2 日	以每股 $18	發行 2,500 股
12 月 3 日	以每股 $14	出售 800 股庫藏股票

甲公司 X1 年 12 月 31 日資本公積餘額為：

(A) $45,200

(B) $53,200

(C) $58,200

(D) $63,000　　　105 初等

8. 甲公司 X1 年 1 月 1 日流通在外的普通股有 12,000 股，5 月 1 日現金增資 3,000 股，9 月 1 日發放 20% 股票股利，X1 年度淨利為 $48,144，X1 年底綜合損益表上的權益為：① 8%，非累積，清算價值 $30 之特別股 6,000 股，總面值 $60,000，②普通股 18,000 股，總面值 $180,000，③資本公積－普通股溢價 $36,000，④備供出售金融資產未實現評價利益 $15,000，⑤保留盈餘 $120,000。下列敘述何者正確？

(A)每股普通股的帳面價值 $12.83

(B)每股普通股的帳面價值 $19.5

(C)每股普通股的帳面價值 $20.89

(D)每股普通股的帳面價值 $23.4　　　　　　　　104 普考

9. 丙公司於 X12 年 8 月 1 日以每股 $11 購入庫藏股 5,000 股，X12 年 10 月 2 日出售 1,000 股，每股售價 $15；X12 年 10 月 31 日出售 2,000 股，每股售價 $8；若丙公司 X12 年 8 月 1 日時「資本公積－庫藏股交易」之餘額為零，則其 X12 年 10 月 31 日「資本公積－庫藏股交易」之餘額為：

(A)貸方餘額 $0

(B)借方餘額 $2,000

(C)貸方餘額 $4,000

(D)借方餘額 $4,000　　　　　　　　　　　104 稅務特考

10. 甲公司 X9 年 1 月 1 日有流通在外普通股 300,000 股，並於 5 月 1 日現金增資發行新股 100,000 股。同年 8 月 1 日該公司為實施庫藏股，於市場上買回 40,000 股普通股，且於 10 月 1 日由特定人認購其中 20,000 股。此外，該公司帳上另有每股面額 $100，8%，累積、非參加之特別股 10,000 股。若甲公司 X9 年淨利為 $790,000，其 X9 年之普通股每股盈餘應為：

(A) $2

(B) $2.08

(C) $2.23

(D) $2.5　　　　　　　　　　　　　　104 稅務特考

二、問答題

1. 下列資訊取自正銘百貨公司 2018 年之股東權益變動表 (單位：百萬元)：

	普通股	資本公積	保留盈餘	股東權益總額
期初餘額	2,976		107,064	110,040
淨利			18,120	18,120
已發放股利			(7,320)	(7,320)
已發行普通股	72	6,192		6,264
購買庫藏股				(20,856)

⑴正銘百貨公司在 2018 年度之股利發放占淨利之比例為多少？

⑵解釋當公司發行普通股時，將如何影響會計恆等式？

⑶解釋當公司購買庫藏股時，將如何影響會計恆等式？

⑷該公司在 2018 年度分配多少的現金給予股東？

⑸在 2018 年度之財務狀況表中，保留盈餘項目之餘額為多少？

2. 德銘文具公司在 2019 年 8 月 1 日宣告股票分割 (2：1)，在進行分割前，該公司有 388,000,000 股之流通在外股票，並以每股 $2,400 市價進行交易。

試完成以下事項：

⑴估計德銘文具公司進行股票分割後之流通在外股數以及市場價值。

⑵估計公司總市值，並解釋你是否認為股票分割後會導致公司之總市值產生改變之情況？為什麼？

3. 下列為凱恩製造公司影響其股東權益之交易事項：

⑴凱恩製造公司以高於面額之價格發行普通股，並收取現金。

⑵公司宣告 3:1 之股票分割。

⑶公司以現金購回自家公司 10,000 股之普通股。

⑷公司宣告並發放普通股股利，已知此股票之公平市價高於面額。

⑸公司以每股 $1,800 重新發行 1,000 股之庫藏股，已知該批庫藏股當初以每股 $1,440 購買。

⑹公司發放 15 天前所宣告之現金股利。

⑺公司有 $6,000,000 之本期淨利。

試分別指出上述交易事項對於⒜～⒞項目之影響效果：

⒜受影響之股東權益項目。

⒝造成股東權益項目之增加或減少？

⒞對於股東權益總額之影響對股東權益總額之影響（增加？減少？或沒有影響？）

4.康達科技公司於 2019 年 12 月 31 日以 $4,488,000,000 買回自家公司流通在外股票 14,000,000 股，在買回時點前共有 252,000,000 股之流動在外股票，該公司財務報表之部分資訊如下所示（單位：百萬元）：

綜合損益表

收益	$49.728
費用	45.720
淨利	4.008

財務狀況表

資產	$49.680
負債	19.632
股東權益	19.632

⑴試編製康達科技公司購買庫藏股之分錄。

⑵評論康達科技公司為何會選擇在年底購回庫藏股之理由？

5.福利食品公司在 2019 年 4 月 1 日成立，同時被主管機關核准發行面額 $120 之普通股 100,000 股以及無面額特別股 10,000 股。此外，該公司自 2019 年 4 月 1 日成立後，另發生以下之交易事項：

⒜發行 25,000 股普通股，並取得現金 $12,000,000。

⒝發行 5,000 股特別股，並取得現金 $1,440,000。

⒞以每股 $360 購回自家公司 3,000 股之普通股。

⒟在公開市場以每股 $432 再發行 1,000 股之庫藏股。

⒠以每股市場價格 $120，發行 1,000 股庫藏股給予執行股票選擇權之經理人。

(1)試分別完成上述交易事項之分錄。

(2)已知福利食品公司於 2019 年度產生 $12,000,000 之淨利，該年度並未宣告發放任何之股利，試編製該公司 2019 年 12 月 31 日財務狀況表之股東權益部分。

6.恩惠食品公司於 2018 年 12 月 31 日之股東權益部分內容如下：

普通股	$1,920,000
資本公積——普通股	240,000
保留盈餘	1,440,000
股東權益總額	$3,600,000

在 2019 年，恩惠食品公司發生下列交易事項：

(a)以每股 $1,440 購買 1,000 股之庫藏股。

(b)以每股市場價格 $480，再發行半數的庫藏股給予股票選擇權之經理人，做為員工之獎酬。

(c)在公開市場以每股 $1,584 再發行剩餘之庫藏股。

(1)試完成上述每一項交易事項之分錄，並編製該公司 2019 年 12 月 31 日財務狀況表之股東權益部分。已知恩惠食品公司在 2019 年度產生 $480,000 之淨利，且並未宣告發放任何之股利。

(2)哪一個資本公積項目應被歸入庫藏股交易？

7.橋泰建設公司於 2018 年 1 月 1 日開始正式營運，並以每股 $600 發行面額為 $24 之普通股 100,000 股，該公司的獲利十分很好，在 2018 年 12 月 31 日之股東權益部分內容如下：

普通股	$ 2,400,000
資本公積——普通股	57,600,000
保留盈餘	108,000,000
股東權益總額	$168,000,000

該公司於在 2019 年度，以每股 $2,280 有計劃買回自家公司之部分流通在外股票 30,000 股。

(1)完成購回庫藏股之分錄。

⑵假設在 2019 年度賺得淨利 $8,400,000，並宣告發放 $1,200,000 之股利，試編製 2019 年年底財務狀況表之股東權益部分。

⑶解釋為何庫藏股項目的金額可高於投入資本之金額？

8.金芒果公司的董事會正在考慮發放每股 $288 之現金股利，已知主管機關核准該公司可發行 800,000 股之普通股，該公司目前已發行 375,000 股且曾購回 50,000 股之庫藏股。

⑴金芒果公司有多少普通股有資格獲得該公司發放之現金股利？

⑵假設董事會宣告並發放現金股利，試編製下列日期之分錄：(a)宣告日；(b)登記日；(c)支付日

9.歐德家具公司於 2015 年 1 月 1 日開始正式營運，自 2015 年起共有 5,000 股之發行且流通在外特別股。該公司在 2019 年 12 月 31 日之股東權益部分內容如下：

特別股（核准發行 10,000 股，已發行 5,000 股為累積非未參加、股利 $120、面額 $240）	$ 1,200,000
普通股（核准發行 500,000 股，已發行 200,000 股、50,000 股為庫藏股、無面額）	38,400,000
資本公積—特別股	3,360,000
保留盈餘	2,640,000
減：庫藏股	(1,920,000)
股東權益總額	$ 43,680,000

歐德家具公司自 2015 年起，逐年已支付下列之現金股利：

2015	$ 0
2016	720,000
2017	1,920,000
2018	360,000
2019	960,000

⑴計算歐德家具公司自 2015 年起，每年年底分別發放給特別股與普通股之股利為多少？

⑵計算在每一年年底該公司積欠之股利餘額。

⑶積欠股利是否應列為公司之負債？為什麼？

10. 已知潤福營造公司於 2019 年 12 月 31 日之保留盈餘與投入資本餘額分別為 $3,240,000 與 $1,200,000，其中包含 5,000 股面額為 $240 之普通股發行且流通在外，2019 年之每股市值為 $2,040。由於該公司於 2019 年底的現金餘額比平時還低，因此股東會考慮發放下列三種方案之股票股利，以代替現金股利之發放。

方案一： 宣告並發放 10% 之股票股利。

方案二： 宣告並發放 20% 之股票股利。

方案三： 進行 2:1 之股票分割。

⑴試編製方案一與方案二之分錄。

⑵方案三對於財務報表之影響為何？

⑶公司為何選擇進行股票分割？

11. 盈美食品公司成立於 2018 年 1 月 1 日並於當日正式營運,下列交易事項發生於 2018 年度之營運期間，已知該公司章程中授權下列股票之發行：

普通股，面額 $10，共 40,000 股

特別股，5% 非累積，面額 $100，共 10,000 股

　1 月　1 日： 以每股 $100 發行 16,000 股之普通股，並同時收取現金。

　2 月　1 日： 以每股 $102 發行 4,000 股之特別股，並同時收取現金。

　6 月　1 日： 以每股 $54 之市價買回自家公司之普通股 800 股，該公司以庫藏股方式持有。

　8 月 15 日： 以每股 $54 之市價再發行一個月前買回之庫藏股 60 股。

11 月　1 日： 董事會宣告將於 12 月 20 日發放予於登記日 12 月 1 日前來登記之特別股現金股利。

12 月 20 日： 發放特別股之現金股利。

⑴試完成上述交易事項之分錄。

⑵假設已知盈美食品公司於 2018 年度結帳後之保留盈餘餘額為 $620,000，試編製該公司 2018 年 12 月 31 日財務狀況表之股東權益部分。

12. 太平公司 2018 年底發行在外股份計有面額 $100 之 6% 特別股 1,000 股，及面額 $50 之普通股 3,000 股，該公司於年底時擬發放股利 $20,000，試就

下列各種情況分別計算特別股與普通股所可分得之股利金額。

⑴特別股為非累積、非參加。

⑵特別股為累積、非參加，2017 年特別股股利積欠未發。

⑶特別股為非累積、部分參加至 7%。

⑷特別股為非累積、全部參加。

13.試將下列交易依次作成分錄。（第⑴至⑸項均為現金交易）

⑴發行面額 $100 之普通股 6,000 股，每股價格 $102。

⑵發行面額 $50 之 6% 特別股 5,000 股，每股價格 $53。

⑶發行無面額普通股 10,000 股，每股價格 $83。

⑷發行無面額普通股 5,000 股，設定價格 $50，發行價格 $55。

⑸發行面額 $100 之普通股 4,000 股，按面額發行。

⑹以面額 $100 之普通股 200 股，交換土地一方。經專家估計土地價值為 $21,000。

⑺按照每股價格 $108 收回發行在外面值 $100 之普通股 500 股，以備分配予員工作為獎勵。

⑻接受當地政府捐贈土地一方，公允價值 $80,000。

⑼以面值 $100 之普通股 100 股作為公司律師辦理公司設立登記之公費。原議定公費為 $11,000。

14.某公司發行特別股 10,000 股，每股面額 $100。試為下列交易作成分錄：

1 月 　6 日　　購回 1,000 股，每股 $90。

2 月 10 日　　將上述股票全數出售，每股 $95。

2 月 15 日　　購回 2,000 股，每股 $95。

3 月 　6 日　　將上述股票全數出售，每股 $85。

15.某公司 2017 年 12 月 31 日有關權益資料如下：

普通股（每股面額 $100, 核定並發行 20,000 股,　$2,000,000

流通在外 19,800 股, 庫藏股 200 股）

保留盈餘	100,000
庫藏股成本（200 股）	25,000
資本公積（來自普通股溢價）	15,000
資本公積（來自庫藏股交易）	800

試列示該公司財務狀況表之權益部分。

16. 某公司某年擬分配股利 $150,000, 試按下列三種不同之股本結構, 計算每種股本可獲股利若干。

⑴面額 $100 之普通股 10,000 股及面額 $100、6% 累積、非參加特別股 10,000 股。

⑵面額 $100 之普通股 10,000 股及面額 $100、6% 累積、全部參加特別股 10,000 股。

⑶面額 $100 之普通股 10,000 股及面額 $100、6% 累積、部分參加至 7% 之特別股 10,000 股。

附錄 1

PVIF(k%,n) 現值利率因子表

期數	1%	2%	3%	4%	5%	6%	7%	8%	9%	10%	11%	12%
1	0.9901	0.9804	0.9709	0.9615	0.9524	0.9434	0.9346	0.9259	0.9174	0.9091	0.9009	0.8929
2	0.9803	0.9612	0.9426	0.9246	0.9070	0.8900	0.8734	0.8573	0.8417	0.8264	0.8116	0.7972
3	0.9706	0.9423	0.9151	0.8890	0.8638	0.8396	0.8163	0.7938	0.7722	0.7513	0.7312	0.7118
4	0.9610	0.9238	0.8885	0.8548	0.8227	0.7921	0.7629	0.7350	0.7084	0.6830	0.6587	0.6355
5	0.9515	0.9057	0.8626	0.8219	0.7835	0.7473	0.7130	0.6806	0.6499	0.6209	0.5935	0.5674
6	0.9420	0.8880	0.8375	0.7903	0.7462	0.7050	0.6663	0.6302	0.5963	0.5645	0.5346	0.5066
7	0.9327	0.8706	0.8131	0.7599	0.7107	0.6651	0.6227	0.5835	0.5470	0.5132	0.4817	0.4523
8	0.9235	0.8535	0.7894	0.7307	0.6768	0.6274	0.5820	0.5403	0.5019	0.4665	0.4339	0.4039
9	0.9143	0.8368	0.7664	0.7026	0.6446	0.5919	0.5439	0.5002	0.4604	0.4241	0.3909	0.3606
10	0.9053	0.8203	0.7441	0.6756	0.6139	0.5584	0.5083	0.4632	0.4224	0.3855	0.3522	0.3220
11	0.8963	0.8043	0.7224	0.6496	0.5847	0.5268	0.4751	0.4289	0.3875	0.3505	0.3173	0.2875
12	0.8874	0.7885	0.7014	0.6246	0.5568	0.4970	0.4440	0.3971	0.3555	0.3186	0.2858	0.2567
13	0.8787	0.7730	0.6810	0.6006	0.5303	0.4688	0.4150	0.3677	0.3262	0.2897	0.2575	0.2292
14	0.8700	0.7579	0.6611	0.5775	0.5051	0.4423	0.3878	0.3405	0.2992	0.2633	0.2320	0.2046
15	0.8613	0.7430	0.6419	0.5553	0.4810	0.4173	0.3624	0.3152	0.2745	0.2394	0.2090	0.1827
16	0.8528	0.7284	0.6232	0.5339	0.4581	0.3936	0.3387	0.2919	0.2519	0.2176	0.1883	0.1631
17	0.8444	0.7142	0.6050	0.5134	0.4363	0.3714	0.3166	0.2703	0.2311	0.1978	0.1696	0.1456
18	0.8360	0.7002	0.5874	0.4936	0.4155	0.3503	0.2959	0.2502	0.2120	0.1799	0.1528	0.1300
19	0.8277	0.6864	0.5703	0.4746	0.3957	0.3305	0.2765	0.2317	0.1945	0.1635	0.1377	0.1161
20	0.8195	0.6730	0.5537	0.4564	0.3769	0.3118	0.2584	0.2145	0.1784	0.1486	0.1240	0.1037
21	0.8114	0.6598	0.5375	0.4388	0.3589	0.2942	0.2415	0.1987	0.1637	0.1351	0.1117	0.0926
22	0.8034	0.6468	0.5219	0.4220	0.3418	0.2775	0.2257	0.1839	0.1502	0.1228	0.1007	0.0826
23	0.7954	0.6342	0.5067	0.4057	0.3256	0.2618	0.2109	0.1703	0.1378	0.1117	0.0907	0.0738
24	0.7876	0.6217	0.4919	0.3901	0.3101	0.2470	0.1971	0.1577	0.1264	0.1015	0.0817	0.0659
25	0.7798	0.6095	0.4776	0.3751	0.2953	0.2330	0.1842	0.1460	0.1160	0.0923	0.0736	0.0588
26	0.7720	0.5976	0.4637	0.3607	0.2812	0.2198	0.1722	0.1352	0.1064	0.0839	0.0663	0.0525
27	0.7644	0.5859	0.4502	0.3468	0.2678	0.2074	0.1609	0.1252	0.0976	0.0763	0.0597	0.0469
28	0.7568	0.5744	0.4371	0.3335	0.2551	0.1956	0.1504	0.1159	0.0895	0.0693	0.0538	0.0419
29	0.7493	0.5631	0.4243	0.3207	0.2429	0.1846	0.1406	0.1073	0.0822	0.0630	0.0485	0.0374
30	0.7419	0.5521	0.4120	0.3083	0.2314	0.1741	0.1314	0.0994	0.0754	0.0573	0.0437	0.0334
31	0.7346	0.5412	0.4000	0.2965	0.2204	0.1643	0.1228	0.0920	0.0691	0.0521	0.0394	0.0298
32	0.7273	0.5306	0.3883	0.2851	0.2099	0.1550	0.1147	0.0852	0.0634	0.0474	0.0355	0.0266
33	0.7201	0.5202	0.3770	0.2741	0.1999	0.1462	0.1072	0.0789	0.0582	0.0431	0.0319	0.0238
34	0.7130	0.5100	0.3660	0.2636	0.1904	0.1379	0.1002	0.0730	0.0534	0.0391	0.0288	0.0212
35	0.7059	0.5000	0.3554	0.2534	0.1813	0.1301	0.0937	0.0676	0.0490	0.0356	0.0259	0.0189
36	0.6989	0.4902	0.3450	0.2437	0.1727	0.1227	0.0875	0.0626	0.0449	0.0323	0.0234	0.0169
37	0.6920	0.4806	0.3350	0.2343	0.1644	0.1158	0.0818	0.0580	0.0412	0.0294	0.0210	0.0151
38	0.6852	0.4712	0.3252	0.2253	0.1566	0.1092	0.0765	0.0537	0.0378	0.0267	0.0190	0.0135
39	0.6784	0.4619	0.3158	0.2166	0.1491	0.1031	0.0715	0.0497	0.0347	0.0243	0.0171	0.0120
40	0.6717	0.4529	0.3066	0.2083	0.1420	0.0972	0.0668	0.0460	0.0318	0.0221	0.0154	0.0107
41	0.6650	0.4440	0.2976	0.2003	0.1353	0.0917	0.0624	0.0426	0.0292	0.0201	0.0139	0.0096
42	0.6584	0.4353	0.2890	0.1926	0.1288	0.0865	0.0583	0.0395	0.0268	0.0183	0.0125	0.0086
43	0.6519	0.4268	0.2805	0.1852	0.1227	0.0816	0.0545	0.0365	0.0246	0.0166	0.0112	0.0076
44	0.6454	0.4184	0.2724	0.1780	0.1169	0.0770	0.0509	0.0338	0.0226	0.0151	0.0101	0.0068
45	0.6391	0.4102	0.2644	0.1712	0.1113	0.0727	0.0476	0.0313	0.0207	0.0137	0.0091	0.0061
46	0.6327	0.4022	0.2567	0.1646	0.1060	0.0685	0.0445	0.0290	0.0190	0.0125	0.0082	0.0054
47	0.6265	0.3943	0.2493	0.1583	0.1009	0.0647	0.0416	0.0269	0.0174	0.0113	0.0074	0.0049
48	0.6203	0.3865	0.2420	0.1522	0.0961	0.0610	0.0389	0.0249	0.0160	0.0103	0.0067	0.0043
49	0.6141	0.3790	0.2350	0.1463	0.0916	0.0575	0.0363	0.0230	0.0147	0.0094	0.0060	0.0039
50	0.6080	0.3715	0.2281	0.1407	0.0872	0.0543	0.0339	0.0213	0.0134	0.0085	0.0054	0.0035

附錄 2

PVIFA(k%,n) 年金現值利率因子表

期數	1%	2%	3%	4%	5%	6%	7%	8%	9%	10%	11%	12%
1	0.9901	0.9804	0.9709	0.9615	0.9524	0.9434	0.9346	0.9259	0.9174	0.9091	0.9009	0.8929
2	1.9704	1.9416	1.9135	1.8861	1.8594	1.8334	1.8080	1.7833	1.7591	1.7355	1.7125	1.6901
3	2.9410	2.8839	2.8286	2.7751	2.7232	2.6730	2.6243	2.5771	2.5313	2.4869	2.4437	2.4018
4	3.9020	3.8077	3.7171	3.6299	3.5460	3.4651	3.3872	3.3121	3.2397	3.1699	3.1024	3.0373
5	4.8534	4.7135	4.5797	4.4518	4.3295	4.2124	4.1002	3.9927	3.8897	3.7908	3.6959	3.6048
6	5.7955	5.6014	5.4172	5.2421	5.0757	4.9173	4.7665	4.6229	4.4859	4.3553	4.2305	4.1114
7	6.7282	6.4720	6.2303	6.0021	5.7864	5.5824	5.3893	5.2064	5.0330	4.8684	4.7122	4.5638
8	7.6517	7.3255	7.0197	6.7327	6.4632	6.2098	5.9713	5.7466	5.5348	5.3349	5.1461	4.9676
9	8.5660	8.1622	7.7861	7.4353	7.1078	6.8017	6.5152	6.2469	5.9952	5.7590	5.5370	5.3282
10	9.4713	8.9826	8.5302	8.1109	7.7217	7.3601	7.0236	6.7101	6.4177	6.1446	5.8892	5.6502
11	10.3676	9.7868	9.2526	8.7605	8.3064	7.8869	7.4987	7.1390	6.8052	6.4951	6.2065	5.9377
12	11.2551	10.5753	9.9540	9.3851	8.8633	8.3838	7.9427	7.5361	7.1607	6.8137	6.4924	6.1944
13	12.1337	11.3484	10.6350	9.9856	9.3936	8.8527	8.3577	7.9038	7.4869	7.1034	6.7499	6.4235
14	13.0037	12.1062	11.2961	10.5631	9.8986	9.2950	8.7455	8.2442	7.7862	7.3667	6.9819	6.6282
15	13.8651	12.8493	11.9379	11.1184	10.3797	9.7122	9.1079	8.5595	8.0607	7.6061	7.1909	6.8109
16	14.7179	13.5777	12.5611	11.6523	10.8378	10.1059	9.4466	8.8514	8.3126	7.8237	7.3792	6.9740
17	15.5623	14.2919	13.1661	12.1657	11.2741	10.4773	9.7632	9.1216	8.5436	8.0216	7.5488	7.1196
18	16.3983	14.9920	13.7535	12.6593	11.6896	10.8276	10.0591	9.3719	8.7556	8.2014	7.7016	7.2497
19	17.2260	15.6785	14.3238	13.1339	12.0853	11.1581	10.3356	9.6036	8.9501	8.3649	7.8393	7.3658
20	18.0456	16.3514	14.8775	13.5903	12.4622	11.4699	10.5940	9.8181	9.1285	8.5136	7.9633	7.4694
21	18.8570	17.0112	15.4150	14.0292	12.8212	11.7641	10.8355	10.0168	9.2922	8.6487	8.0751	7.5620
22	19.6604	17.6580	15.9369	14.4511	13.1630	12.0416	11.0612	10.2007	9.4424	8.7715	8.1757	7.6446
23	20.4558	18.2922	16.4436	14.8568	13.4886	12.3034	11.2722	10.3711	9.5802	8.8832	8.2664	7.7184
24	21.2434	18.9139	16.9355	15.2470	13.7986	12.5504	11.4693	10.5288	9.7066	8.9847	8.3481	7.7843
25	22.0232	19.5235	17.4131	15.6221	14.0939	12.7834	11.6536	10.6748	9.8226	9.0770	8.4217	7.8431
26	25.8077	22.3965	19.6004	17.2920	15.3725	13.7648	12.4090	11.2578	10.2737	9.4269	8.6938	8.0552
27	29.4086	24.9986	21.4872	18.6646	16.3742	14.4982	12.9477	11.6546	10.5668	9.6442	8.8552	8.1755
28	30.1075	25.4888	21.8323	18.9083	16.5469	14.6210	13.0352	11.7172	10.6118	9.6765	8.8786	8.1924
29	32.8347	27.3555	23.1148	19.7928	17.1591	15.0463	13.3317	11.9246	10.7574	9.7791	8.9511	8.2438
30	39.1961	31.4236	25.7298	21.4822	18.2559	15.7619	13.8007	12.2335	10.9617	9.9148	9.0417	8.3045
31	0.9901	0.9804	0.9709	0.9615	0.9524	0.9434	0.9346	0.9259	0.9174	0.9091	0.9009	0.8929
32	1.9704	1.9416	1.9135	1.8861	1.8594	1.8334	1.8080	1.7833	1.7591	1.7355	1.7125	1.6901
33	2.9410	2.8839	2.8286	2.7751	2.7232	2.6730	2.6243	2.5771	2.5313	2.4869	2.4437	2.4018
34	3.9020	3.8077	3.7171	3.6299	3.5460	3.4651	3.3872	3.3121	3.2397	3.1699	3.1024	3.0373
35	4.8534	4.7135	4.5797	4.4518	4.3295	4.2124	4.1002	3.9927	3.8897	3.7908	3.6959	3.6048
36	5.7955	5.6014	5.4172	5.2421	5.0757	4.9173	4.7665	4.6229	4.4859	4.3553	4.2305	4.1114
37	6.7282	6.4720	6.2303	6.0021	5.7864	5.5824	5.3893	5.2064	5.0330	4.8684	4.7122	4.5638
38	7.6517	7.3255	7.0197	6.7327	6.4632	6.2098	5.9713	5.7466	5.5348	5.3349	5.1461	4.9676
39	8.5660	8.1622	7.7861	7.4353	7.1078	6.8017	6.5152	6.2469	5.9952	5.7590	5.5370	5.3282
40	9.4713	8.9826	8.5302	8.1109	7.7217	7.3601	7.0236	6.7101	6.4177	6.1446	5.8892	5.6502
41	10.3676	9.7868	9.2526	8.7605	8.3064	7.8869	7.4987	7.1390	6.8052	6.4951	6.2065	5.9377
42	11.2551	10.5753	9.9540	9.3851	8.8633	8.3838	7.9427	7.5361	7.1607	6.8137	6.4924	6.1944
43	12.1337	11.3484	10.6350	9.9856	9.3936	8.8527	8.3577	7.9038	7.4869	7.1034	6.7499	6.4235
44	13.0037	12.1062	11.2961	10.5631	9.8986	9.2950	8.7455	8.2442	7.7862	7.3667	6.9819	6.6282
45	13.8651	12.8493	11.9379	11.1184	10.3797	9.7122	9.1079	8.5595	8.0607	7.6061	7.1909	6.8109
46	14.7179	13.5777	12.5611	11.6523	10.8378	10.1059	9.4466	8.8514	8.3126	7.8237	7.3792	6.9740
47	15.5623	14.2919	13.1661	12.1657	11.2741	10.4773	9.7632	9.1216	8.5436	8.0216	7.5488	7.1196
48	16.3983	14.9920	13.7535	12.6593	11.6896	10.8276	10.0591	9.3719	8.7556	8.2014	7.7016	7.2497
49	17.2260	15.6785	14.3238	13.1339	12.0853	11.1581	10.3356	9.6036	8.9501	8.3649	7.8393	7.3658
50	18.0456	16.3514	14.8775	13.5903	12.4622	11.4699	10.5940	9.8181	9.1285	8.5136	7.9633	7.4694

會計學（上）

林淑玲／著

　　本書依照國際財務報導準則 (IFRS) 編寫，以我國最新公報內容及現行法令為依據，並完整彙總 GAAP、IFRS 與我國會計準則的差異。本書分為上、下冊，採循序漸進的方式，上冊首先介紹會計原則、簿記原理及結帳相關的概念，讀者能夠完整掌握整個會計循環，最後一章介紹買賣業之會計處理，以便銜接下冊的進階課程。此外，章節後均附有練習題，可為讀者檢視學習成果之用。

成本與管理會計

王怡心／著

　　本書整合成本與管理會計的重要觀念，內文解析詳細，討論從傳統產品成本的計算方法到一些創新的主題，包括作業基礎成本法 (ABC)、平衡計分卡 (BSC) 等。全書有 12 章，分為基礎篇、規劃篇、控制篇及決策篇四大篇。

　　本書依下列原則編寫而成：1.提供要點提示，學習重點一手掌握；2.更新實務案例，拉近理論與實務的距離；3.新增 IFRS 透析，學習新知不落人後；4.強調習題演練，方便檢視學習成果。

稅務會計

卓敏枝、盧聯生、劉夢倫／著

　　本書之編寫，建立在全盤租稅架構與整體節稅理念上，係以營利事業為經，各相關稅目為緯，綜合而成一本理論與實務兼備之稅務會計最佳參考書籍，對研讀稅務之學生及企業經營管理人員，有相當之助益。再者，本書對（加值型）營業稅之申報、兩稅合一及營利事業所得稅結算申報均有詳盡之表單、說明及實例，對讀者之研習瞭解，可收事半功倍之宏效。

經濟學原理

李志強／著

　　本書以淺顯易懂的文字來說明經濟學的基礎概念，穿插生活化的實例並減少複雜的數學算式，使初次接觸經濟學的讀者能輕鬆地理解各項經濟原理。本書各章開頭列舉該章的「學習目標」，方便讀者掌握章節脈絡；全書課文中安排約 70 個「經濟短波」小單元，補充統計數據或課外知識，提升學習的趣味性；各章章末的「新聞案例」則蒐集相關新聞並配合理論分析；另外，各章皆附有「本章重點」與「課後練習」，提供讀者複習之用。

投資學

張光文／著

　　本書以投資組合理論為解說主軸，並依此理論為出發點，分別介紹金融市場的經濟功能、證券商品以及市場運作，並探討金融市場之證券的評價與運用策略。

　　此外，本書從理論與實務並重的角度出發，將內容區分為四大部分，依序為投資學概論、投資組合理論、資本市場的均衡以及證券之分析與評價。為了方便讀者自我測驗與檢視學習成果，各章末均附有練習題。本書除了適用於大專院校投資學相關課程，更可為實務界參考之用。

財務管理──理論與實務

張瑞芳／著

　　財務管理是企業的重心所在，關係經營的成敗，不可不用心體察，盡力學習控制管理，若能深入瞭解運用，必可操控企業經營的成功，否則企業將毀於一旦。修習此一學科，必須用心、細心、耐心，而一本易懂、易記、易唸的財管書籍是迫切需要的；然而部分原文書及坊間教科書篇幅甚多，且內容艱辛難以理解，因此本書著重在概念的養成，希望以言簡意賅、重點式的提要，能對莘莘學子及工商企業界人士有所助益。